Der Westlettner des Naumburger Doms mit seinen ausdrucksstarken realistischen Skulpturen ist ein klassisches Meisterwerk der deutschen Frühgotik. Name und Herkunft seines Schöpfers sind nicht bekannt, aber es ist unzweifelhaft, daß der *Naumburger Meister* in der ersten Hälfte des 13. Jahrhunderts in Frankreich und in Mainz wirkte, bevor er um 1250 nach Naumburg kam.

Der Westlettner ist weniger Schranke denn Fassade, Pforte und Durchgang. Vordergründig verbindet er das Kirchenschiff mit dem Westchor und den dort aufgestellten Stifterfiguren, geistig jedoch weist er den Gläubigen den Weg zum himmlischen Jerusalem. Von Naumburg ausgehend, gewann der Lettner so eine neue Bedeutung, – eine Entwicklung, die im Spätmittelalter ihren Höhepunkt erreichte.

Das Buch führt in das Programm dieses Meilensteins der Bildhauerkunst ein und breitet die vielfältigen Bedeutungsebenen und Lesarten seiner Figuren aus, die jeden Betrachter durch ihre außergewöhnliche Lebendigkeit und Wirklichkeitsnähe berühren.

*Ingrid Schulze*, geboren 1929 in Wittenberg, Studium der Kunstgeschichte, Archäologie und Literaturgeschichte, 1978–1989 Professorin der Kunstgeschichte an der Universität Halle. Publikationen über spätmittelalterliche Malerei und Plastik sowie Kunst und Literatur des 20. Jahrhunderts.

# Der Westlettner des Naumburger Doms

Das Portal als Gleichnis

Von Ingrid Schulze

Fischer Taschenbuch Verlag

kunststück
Begründet von Klaus Herding
Herausgegeben von Michael Diers

*Frontispiz:* Ansicht von Naumburg mit Blick auf den Dom, Lithographie, 19. Jahrhundert (Ausschnitt)

Graphische Konzeption: Max Bartholl und
Christoph Krämer
Lektorat: Wolfgang Balk
Redaktion: Oliver Thomas Danzalski
Bildredaktion: Sabine Behrends
Originalausgabe
Veröffentlicht im Fischer Taschenbuch Verlag GmbH,
Frankfurt am Main, Dezember 1995

Satz und Druck: Wagner GmbH, Nördlingen
Bindung: G. Lachenmaier, Reutlingen
Printed in Germany
ISBN 3-596-11726-7

# Entstehung, Funktion und Gestalt des Naumburger Westlettners*

**Fachausdrücke sind im Anhang erläutert*

»Dietrich, durch Gottes Gnade und nach göttlichem Willen Bischof der Naumburger Kirche (...) und das gesamte Domkapitel (entbieten) allen Angehörigen der Geistlichkeit, den Prälaten sowohl wie den Pfarrern und den Vikaren, und den Gläubigen jedweden Standes den Gruß der Liebe in Christo Jesu, unserm Heiland.«[1] Mit diesen Worten ließ Dietrich II. von Wettin (1245–1272) im Jahr 1249 ein Schreiben beginnen, in dem er zu Spenden zur Vollendung des von den ersten Stiftern – Meißener Markgrafen aus dem Geschlecht der Eckehardinger und weiteren Angehörigen des Hochadels – begonnenen Werkes aufrief: Durch Schenkungen und Stiftungen hatten sie Anfang des 11. Jahrhunderts die Verlegung des Zeitzer Bischofssitzes nach Naumburg ermöglicht, so daß dort um 1028 mit der Errichtung eines frühromanischen Domes begonnen werden konnte. An seiner Stelle entstand unter Bischof Engelhard (1207–1242) ein spätromanischer Neubau, dem um 1250 der frühgotische Westchor hinzugefügt wurde *(Abb. 1)*. Auf ihn bezieht sich der eingangs zitierte Text, wobei ungeklärt bleibt, ob die Arbeit an diesem sich weitgehend als selbständig darbietenden Bauteil schon vor oder erst nach 1249 begonnen wurde.

*Grundriß des Domes St. Peter und Paul in Naumburg*

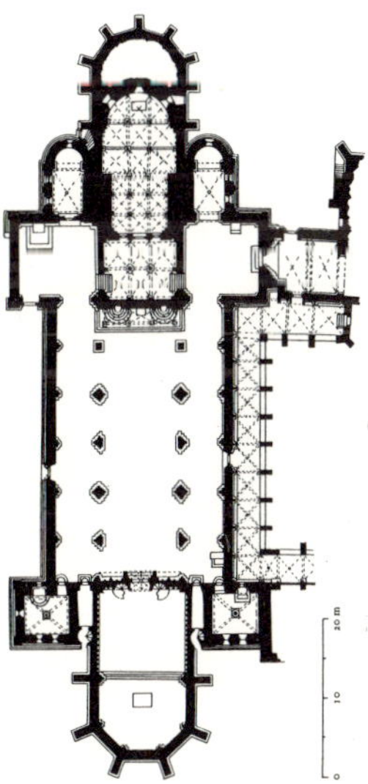

Neueren Forschungen zufolge erbaute man den Westchor dort, wo sich zuvor die Familiengrabstätte der Eckehardinger, eine um 1021 von Hermann und Eckehard II. gegründete Stiftskirche, befunden hatte.[2] Sie war im Zuge des Domneubaus abgerissen worden. Eine doppelchörige Anlage wie bei den Kaiserdomen in

1 *Blick vom frühgotischen Westchor mit den Stifterstandbildern auf der Rückseite des Westlettners, um 1250*

Bamberg, Mainz und Worms hatte vermutlich schon der letzte reichstreue Bischof Naumburgs, Engelhard, geplant. Als Orte bischöflicher Hoheitsakte, zu denen Domherren und Synodale geladen waren, befanden sich in den Westchören jener Dome die eigentlichen Thronstätten der Kirchenfürsten. Deren Urteil hatte sich auch der Adel der Diözese zu unterwerfen. Vollstreckt wurde es dann durch die weltliche Instanz.

Der Naumburger Westchor als Stätte eines durch bischöfliche Autorität bestimmten Stiftergedenkens wirft ebenfalls die Frage nach dem Zusammenwirken von kirchlicher und weltlicher Gewalt auf. Zwar waren die Eckehardinger schon in der Mitte des 11. Jahrhunderts ausgestorben, und die mit ihnen verwandten Wettiner hatten die Nachfolge angetreten. Doch das mit Schwächung der kaiserlichen Zentralgewalt in Deutschland immer stärker zur Macht drängende Landesfürstentum ließ die Frage der Gewaltenteilung erneut dringlich erscheinen. So waren die Meißener Markgrafen schon seit Anfang des 13. Jahrhunderts dazu übergegangen, die Naumburger Stiftslehen für den Ausbau ihrer Landesherrschaft zu verwenden. Bischof Dietrich II. war ein illegitimer Sohn des Markgrafen Dietrich und der Halbbruder Heinrichs des Erlauchten, unter dessen Herrschaft 1259 die Selbständigkeit des ehemals reichskirchlichen Bistums beendet wurde. Die Aktualisierung früher Bistumstraditionen durch Dietrich II., der gewissermaßen beiden Parteien angehörte, wäre somit auch im Lichte dieser jahrzehntelangen Auseinandersetzungen zu sehen. Der weltliche Adel unterwirft sich dem kirchlichen Gericht, der kirchliche Adel Schild und Schwert des weltlichen Regiments. So mochte man sich eine Integration des Naumburger Bistums in die wettinische Landesherrschaft vorstellen, wobei die Stifterstandbilder als eine Art steinerne Besitzurkunde beide Seiten auch ideell verpflichteten.

Während der Westchor zunächst den Geistlichen der abgebrochenen Stiftskirche zugewiesen wurde, war der um 1330 noch einmal erweiterte Ostchor ausschließlich dem Domkapitel vorbehalten. Lettner trennen beide Chöre vom Mittelschiff. Wichtigste Aufgabe dieser seit dem späten 12. Jahrhundert in Dom-, Stifts- und Klosterkirchen errichteten Scheidewände war es, den Chor als Raum der Domherren, der Stifts- und Mönchskonvente von den weltlichen Gläubigen, den Laien, abzugrenzen. Den oberen Abschluß einer solchen Trennwand bildet eine durch Treppen zugängliche und mit einer Brüstung versehene Bühne. Hier befand sich das »lectorium« (»Lesepult«), dem der Lettner seinen Namen verdankte, weil von dort die Evangelien verlesen wurden. Auch diente sie als Sängertribüne. Lettner erbaute man bis zum Ende der Spätgotik (vereinzelt auch noch danach) in Frankreich, in den deutschsprachigen Ländern, in Oberitalien, England und Spanien. Im 17. und 18. Jahrhundert wurden sie vielfach abgerissen. Daß im Naumburger Dom zwei Lettner errichtet wurden, die bis heute dort den Raumeindruck bestimmen, sei als einmalig hervorgehoben.

Der aus der Zeit um 1230/40 stammende Naumburger Ostlettner ist der älteste voll ausgebildete Hallenlettner, der in Deutschland erhalten blieb *(Abb. 2)*. Auf der Grenze zwischen Vierung und Langhaus stehend, nimmt er die gesamte Mittelschiffbreite ein. Seine auf

2 *Blick auf den spätromanischen Ostlettner aus der Zeit um 1230/40. Er verwehrt den Einblick in den ausschließlich den Priestern vorbehaltenen Ostchor*

allen vier Seiten von einer Brüstung umgebene Bühne ruht an der Chorseite auf der erhöhten Westwand einer hochromanischen Krypta und nach dem Schiff zu auf einer dreifachen Rundbogenstellung, während sich die Seitenwände auf je einen Rundbogen stützen. Die Halle unter der Bühne ist mit Gratgewölben überdeckt. Durch zwei schmale Türen, die keinerlei Einblick gewähren, führt hier der Weg empor zum Chor. Von entscheidender Bedeutung war die Rednernische an der Bühnenbrüstung. Von dort herab wurden den Laien im Langhaus nicht nur Bibelworte verkündet, sondern auch geistliche Richtersprüche übermittelt. Nachdruck erhielten sie durch die freilich kaum noch in ursprünglicher Form erhaltenen Fresken an den Brüstungsfeldern. Das mittlere – vor der Rednernische – zeigt Christus in der Mandorla, die seitlichen Arkadenfelder umschließen die Gestalten der zwölf Apostel. Zwischen beiden Lettnertüren steht der dem heiligen Kreuz geweihte Laienaltar.

In seiner inneren Geschlossenheit und Monumentalität dürfte dieses wie ein mächtiger Sperriegel wirkende spätromanische Werk dem ältesten erhaltenen Lettner – er stammt aus dem Jahr 1189 – in der Abteikirche Santa Maria von Vezzolano bei Albugnano (Asti) in Oberitalien nahekommen.

Der nicht minder monumentale, aber wesentlich reicher gestaltete Naumburger Westlettner hingegen gehört – ebenso wie der dahinter befindliche, nur drei Stufen über dem Fußboden des Langhauses liegende Chor – der Frühgotik an *(Falttafel u. Abb. 3)*. Architektur und Plastik verkörpern hier auf derart überzeugende Weise eine innere Einheit, daß dieses »Gesamtkunstwerk« in seinen entscheidenden

3 *Blick vom Langhaus auf den einer Kirchenfassade ähnlichen Westlettner mit dem Portal in der Mitte*

Zügen einer einzigen überragenden Persönlichkeit, dem Naumburger Meister, zugeschrieben wurde. Von seinem Schaffensweg lassen sich nur noch einzelne Etappen feststellen. Nach Lehr- und Wanderjahren in Frankreich führte ihn der Weg über das Rheinland ostwärts in die wettinischen Lande, nach Naumburg und vielleicht auch nach Meißen. Eine wichtige Station war dabei Mainz. Dort verdankte ihm der damals errichtete Westbau des 1239 geweihten Domes seinen (allerdings nur in Fragmenten erhaltenen) Lettner. Der Naumburger Bischof Engelhard hatte sich 1235 anläßlich der Hoftage Kaiser Friedrichs II. in Mainz aufgehalten. Die auch sonst nachweisbare Verbindung zu dieser Erzdiözese[3] könnte einer späteren Auftragserteilung unter Dietrich II. förderlich gewesen sein.

Auf die Bedeutung des Mainzer Lettners für Naumburg wird an anderer Stelle eingegangen. Nicht minder wichtig ist hier das Verhältnis zur spätromanischen Architektur, insbesondere zum Ostlettner.[4] Im Unterschied zu diesem war der Westlettner nicht in erster Linie als trennende Schranke gedacht, sondern, mit programmatischem Nachdruck, vor allem auch als Zugang zum Chor. Einblick in diesen gewährt die aus dem Mittelalter stammende Scherengittertür. Die nun schmale Lettnerbühne dürfte, ähnlich wie bei manchen spätgotischen Lettnern, hauptsächlich als Sängertribüne gedient haben, denn eine Rednernische wurde hier nicht benötigt. Vielmehr überragt an dieser Stelle der Portalgiebel mit dem Fresko des Weltenrichters die Brüstung. Auf ihn mußte der Blick des auf der östlichen Bühne amtierenden Priesters fallen. Ebenfalls auf einer Achse befinden sich Kreuzaltar und Westlettnerportal. Dieses bildet die Verbindung zum Chorinneren und ist zugleich der geistige Brennpunkt, der das an die Gläubigen im Laienschiff gerichtete Bildprogramm bestimmt. Beidem nachzugehen ist das Hauptanliegen der folgenden Ausführungen.

## Der architektonische Aufbau

Der wie der gesamte Dom vorwiegend aus Freyburger Kalkstein gefertigte Westlettner – lediglich die Säulenschäfte bestehen aus Rotsandstein – setzt sich aus drei Bestandteilen zusammen *(Falttafel)*: dem doppelt geöffneten Portal in der Mitte unter dem bereits er-

4 *Der nicht mehr erhaltene gotische Lettner der Kathedrale von Chartres. Ausschnitt aus einem Stich von Larmesin aus dem Jahr 1697*

wähnten Dreiecksgiebel, den Seitenwänden mit ihren Blendgliederungen, in denen sich das Giebelmotiv je zweimal wiederholt, und den Brüstungsreliefs. Die Schichtung der Seitenwände nimmt nach oben stufenweise zu. Dem Wandkern sind in erster Schicht zwei auf niedrigem Sockel stehende Zwillingsarkaden vorgeblendet, deren Kleeblattbögen wie auch die Vierpässe darüber aus den Bogenfeldern herausgeschnitten sind. Die Zwillingsarkaden wiederum werden jeweils von einer einfachen Spitzbogenarkade gerahmt, die in einer zweiten Raumschicht vor ihnen steht. In einer dritten Schicht darüber befinden sich die ebenfalls aus einer Steinplatte herausgeschnittenen Giebel. Den Übergang zur letzten, vordersten Schicht mit den Passionsreliefs vermittelt ein zweischichtig abgestufter Blattfries.

Wie schon zuvor beim Mainzer Lettner fand auch hier eine Auseinandersetzung mit französischen Vorbildern statt. Zwar wurden die Lettner aus Frankreichs gotischen Kathedralen – zum Beispiel in Chartres, Amiens, Reims, Bourges und Paris – im Barock zumeist entfernt. Stiche aus jener Zeit und eine Reihe von vollständigen oder fragmentarisch erhaltenen Skulpturen ermöglichen dennoch Rückschlüsse *(Abb. 4)*. So scheint die Lettnervorhalle, wie sie sich um 1230/40 in der Kathedrale von Chartres nachweisen läßt, in Naumburg als stark plastisches Relief in die Trennwand projiziert worden zu sein. Durch die Portalanlage noch verstärkt, entsteht auf diese Weise fast der Eindruck einer Kirchenfassade. Typisch für die französischen Lettner war weiterhin das Mittelportal. Auch wiesen sie an der Brüstung vielfach einen Relieffries auf. Von ihm sind in Chartres Reste mit Szenen aus der

*5 Das Westlettnerportal, Durchgang zum Chor und geistiges Zentrum der Anlage*

6 *Der Portalkruzifixus, Sinnbild der Tür, die Christus bedeutet*

Kindheit Jesu erhalten.[5] In St. Étienne in Bourges (um 1260) dominierten Passionsthemen.[6] Die Kreuzigung befand sich dort leicht erhöht auf einer Platte im Zentrum der Lettnerfront, wohingegen sich in Chartres das Kruzifix als Triumphkreuz über der Mittelarkade erhob. Weitgehend übernommen wurden Gliederungselemente des Mainzer Lettners, die sich zu einem großen Teil ebenfalls von der französischen Kathedralgotik herleiten lassen.[7] Dies gilt beispielsweise für die beiden Wendeltreppentürme, die als beherrschendes Element der Rückwand den Durchgang flankieren. Die für Mainz nachweisbare Vorhalle, auf die man in Naumburg vielleicht aus Raumgründen verzichtete, erscheint jetzt in der reduzierten Form eines Gewölbepaars im vorderen Teil des Portals, dessen Mittelpunkt der Gekreuzigte bildet *(Abb. 5 u. 6)*. Er hängt in Lebensgröße am Pfosten, die Arme am Türsturz ausgebreitet. Statuen von Maria und Johannes sind in gleicher Höhe in schmalen Nischen am Portalgewände aufgestellt. Die beiden leerstehenden Konsolen an den Seitenwangen lassen darauf schließen, daß ursprünglich ein umfangreicheres Skulpturenprogramm vorgesehen war und vielleicht auch ausgeführt worden ist, jedoch vermutlich infolge des Dombrandes von 1532 teilweise verlorenging.

## Vom triumphierenden Christus zum Christus in Knechtsgestalt

Türpfeilerfiguren sind in der französischen Gotik weit verbreitet. Zu ihnen gehört die Gestalt des »Beau Dieu« an den Kathedralportalen von Chartres, Amiens und Reims. Sie steht in engem Zusammenhang mit dem

Gleichnis von der Kirchentür, die Christus bedeutet (Johannes 10, 9).[8] In Naumburg hat sich diese Metaphorik allerdings insofern gewandelt, als sie sich nun auf den Gekreuzigten bezieht. »Ich bin die Tür, wer durch mich eingeht, wird gerettet werden, wird ein- und ausgehen und Weide finden«: Diese Apostelworte bedeuten in Naumburg, daß man nur unter Christi Armen hindurch den Westchor betreten oder verlassen kann, wobei Türschwelle und Kreuzesfuß eine Einheit bilden.
Zugleich steht der Naumburger Portalkruzifixus am Ende einer Entwicklung, die sich seit den ersten Jahrzehnten des 13. Jahrhunderts bei sächsischen Triumphkreuzen nachvollziehen läßt.[9] Schon bei der Triumphkreuzgruppe des Halberstädter Doms (um 1220) und dann um 1230/35 in der Wechselburger Stiftskirche waren Leid und Sieg am Kreuz zusammen mit Christi Wiederkunft und dem sich dann vollziehenden Jüngsten Gericht gesehen worden. Auf typologische Bezüge, wie sie dem Wechselburger Lettner zugrunde liegen, wurde zwar in Naumburg verzichtet, schon deshalb, weil sich ihr theologisch lehrhafter Charakter mit der inzwischen vorherrschenden Emotionalität kaum in Einklang bringen ließ. Doch die beiden Engel, die bei Triumphkreuzen das Kreuz emporheben, finden sich, Weihrauchfässer schwenkend, als Hochreliefs oberhalb des Türsturzes wieder. Daß hier eine byzantinische Tradition fortwirkt, bezeugt auch jene vermutlich aus dem 11. Jahrhundert stammende silberne Weihebrotschale des Halberstädter Domschatzes, in deren Kreuzigungsrelief man frühzeitig ein Vorbild für die dortige Triumphkreuzgruppe erkannte *(Abb. 7)*.[10] Vor allem aber vollzog sich der Übergang vom triumphie-

*7 Silberne Weihebrotschale*
*mit Relief einer Kreuzigungsgruppe,*
*byzantinisch, vermutlich 11. Jahrhundert,*
*Halberstadt, Domschatz*

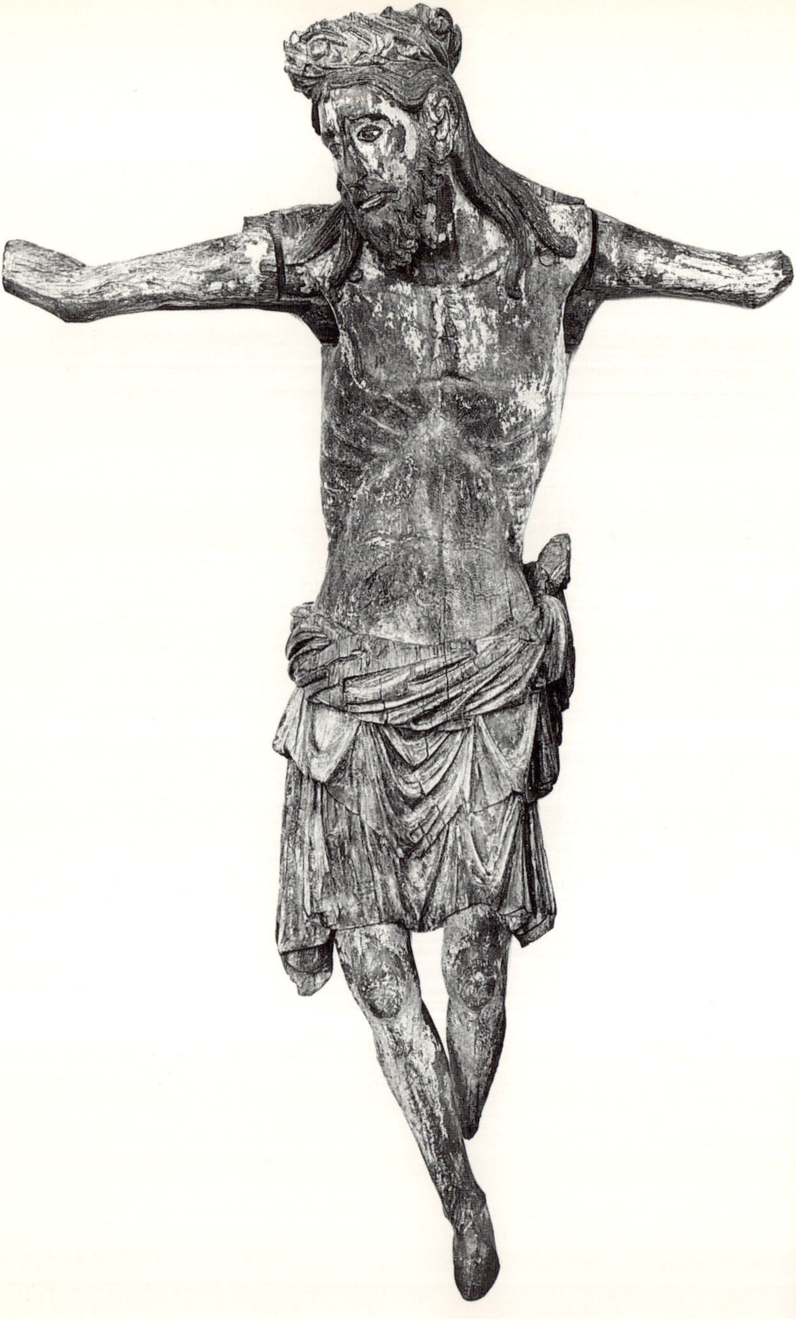

*8 Gekreuzigter Christus von der Triumphkreuzgruppe aus der Moritzkirche in Naumburg, Eichenholz, um 1230/40, Berlin, Staatliche Museen, Skulpturensammlung*

renden zum leidenden Christus. Seine ausgestreckten Arme lassen an ein Umarmen denken, was besonders bei der Kreuzigungsgruppe des Freiberger Doms zum Ausdruck kommt. Auch gewann die Dornenkrone, auf die zunächst verzichtet worden war, zunehmend an Bedeutung.

Den Anschluß des Naumburger Portalkruzifixus an die angedeutete Entwicklung dürfte in erster Linie das heute im Bode-Museum in Berlin aufbewahrte Kruzifix aus der Naumburger Moritzkirche hergestellt haben *(Abb. 8)*. Sollte die Vermutung zutreffen, daß diese monumentale Eichenholzfigur aus der Zeit um 1230/40, ebenso wie die dazugehörige Maria (heute in Berlin-Dahlem), ursprünglich zu einer Triumphkreuzgruppe des Doms gehörte[11], dann wäre die Portalskulptur gewissermaßen im Dialog mit diesem nur wenige Jahrzehnte älteren Werk entstanden. Neben Übereinstimmungen, zum Beispiel durch das in beiden Fällen seitlich geknüpfte und fast bis zu den Knien herabreichende Lendentuch, vor allem aber durch die sich mit dem Dreinagelkruzifix durchsetzende Ponderation, ergeben sich auch wesentliche Unterschiede. So zeichnen sich vom jetzt fülligen Leib die Rippen kaum noch ab. Dafür sind die Brustwarzen deutlicher markiert, und der Bauch wölbt sich vor, wobei der Nabel, ähnlich wie die Seitenwunde, eine grubenartige Vertiefung bildet. Die kontrapostische Durchformung, die – besonders ausgeprägt in Wechselburg, aber in Anlehnung an byzantinische Vorbilder schon vorher in der thüringisch-sächsischen Buchmalerei – den Körper hatte kurvenförmig zur Seite schwingen lassen, erfaßt nun über die Gelenke hinaus die vielfach weich empfundenen Muskel- und Hautpartien.

*9 Triumphkreuz des Merseburger Domes, Eichenholz, um 1240/50*

Der Übergang zu größerer körperlicher Schwere vollzog sich um 1240/50 sowohl bei dem Kruzifix der Stadtkirche in Zörbig, der vermutlich aus der Klosterkirche auf dem Petersberg bei Halle stammte, als auch bei dem des Merseburger Doms *(Abb. 9)*. Ausgehend von der Halberstädter Triumphkreuzgruppe hatte sich diese Entwicklung jedoch schon um 1230 mit einem heute in der Kirche in Quenstedt im Mansfelder Land befindlichen Werk angebahnt.[12] Die ebenfalls zur Gruppe der sächsischen Großkreuze gehörende Holzskulptur zeichnet sich durch besonders kräftige, spannungsvolle und durchproportionierte Formen eines als noch lebend wiedergegebenen Körpers aus. Auch hier wird ein Prozeß spürbar, in dessen Verlauf Christi menschliche Natur immer stärker betont wurde, eine Entwicklung, die schließlich mit dem Naumburger Westlettner eine neue Qualität erreichte. Mit dem Empfinden für das Organische des sich am Kreuz spannenden Körpers steigert sich hier auch der Ausdruck der Qual. Zwar sind die seitwärts gewandten, halb geöffneten Augen bereits gebrochen, doch schiebt sich der Unterkiefer vor und die Oberlippe hebt sich, so daß im vom Todeskrampf verzerrten Mund die Zähne sichtbar werden. Damit kündigt sich jener Leidenschristus an, von dem die heilige Birgitta von Schweden, Grünewalds Gekreuzigten vorwegnehmend, etwa hundert Jahre später schreiben sollte: »Nachdem sich der Mund geöffnet hatte, konnten die Zunge, die Zähne, das Blut im Munde ... gesehen werden.«[13]

Zunächst jedoch wirkt eine Frömmigkeitsbewegung fort, die in Frankreich mit Bernhard von Clairvaux (1090–1153) ihren Ausgang nahm. Dieser Zisterziensergeistliche sah in der Liebe Gottes die entscheidende Ursache für Christi Menschwerdung: Um Liebe in den Herzen der Menschen zu entzünden, damit sie trotz ihrer Schwäche das Göttliche wahrzunehmen vermöchten, hatte er Knechtsgestalt angenommen.[14] Nicht zuletzt durch ihre Kontakte zum benachbarten Zisterzienserkloster Pforte dürften die Naumburger Bischöfe mit derartigen Gedanken vertraut gewesen sein. Ein Kreuzigungsrelief an der Westfassade der dort vorwiegend während der zweiten Hälfte des 13. Jahrhunderts erbauten Klosterkirche knüpft an die kathedralgotische Plastik Frankreichs wie auch an Triumphkreuztraditionen an. Allerdings wurde hier ein »Christus triumphans« erneut in die Höhe entrückt und somit der unmittelbare Appell an die Gefühle der Gläubigen wieder rückgängig gemacht.

So läßt sich der Naumburger Kruzifixus allein durch Zisterzienserfrömmigkeit kaum erklären. Aufschlußreich ist weiterhin ein Werk der Goldschmiedekunst, der 1249/50 vollendete Marburger Elisabethschrein.[15] Denn dort fügte sich der heute nicht mehr vorhandene Christus am vermutlich T-förmigen Astkreuz zusammen mit Maria und Johannes in ein Portal ein, dessen spitzer Giebel über eine Reliefzone hinausstößt. Doch nur das tatsächlich genutzte Portal in Naumburg macht deutlich, wie sehr sich die Distanz zu den Gläubigen verringert hatte. Ursache hierfür war jene gefühlsbetonte Religiosität, die verstärkt mit den Franziskanern aufgekommen war und der auch die heilige Elisabeth huldigte. Ihr hatte man kurz nach der Heiligsprechung 1235 im Nordwestturm des Naumburger Doms eine Kapelle eingerichtet. Schließlich erließ Bischof Engelhard 1238

einen Hirtenbrief, in dem er alle Gläubigen aufforderte, die Franziskanergottesdienste aufmerksam zu besuchen, wofür sogar Ablässe gewährt wurden. Denn mit diesen Predigten sollte dem eigenen Unvermögen, Christi Auftrag voll Genüge zu tun, abgeholfen werden. Bischof Dietrich II. förderte die Bettelorden ebenfalls.[16]
Auf der Grundlage franziskanischen Gedankengutes und etwa gleichzeitig mit der Errichtung des Naumburger Westchors begann Bonaventura (1221–1274) – seit 1257 Generalmeister des Franziskanerordens – in Paris seine Kreuzestheologie zu entwickeln. Ganz im Sinne des heiligen Franziskus bedeutete Christi Kreuz dabei Schlüssel, Tür und Weg zum Heil.[17] In Italien hatte der Maler Giunta Pisano vermutlich schon 1236 in franziskanischem Auftrag die klassische Formulierung des leidenden Christus für das dort übliche Tafelkreuz entwickelt.[18] Die Einladung zum Mitleiden überließ man hier nicht nur der Hauptperson, auch Maria und Johannes dienten als Mittler. Körperhaltung, Gestik und Mimik der gleichnamigen Naumburger Skulpturen betonen ebenfalls die doppelte Wendung zum Gekreuzigten und an die Gläubigen, die auch auf diese Weise in den Schmerz um den Toten einbezogen werden. Um solchen Handlungsspielraum zu gewinnen, mußte sich die Skulptur allerdings aus ihrer engen Verbindung mit der Architektur lösen. Auch einige der Heiligenstatuen an den Reimser Westportalen scheinen sich an die Gläubigen zu wenden, um sie zum Betreten der Kathedrale aufzufordern.

In seiner »Ästhetik« vergleicht Hegel den Schmerz der Niobe mit dem der Muttergottes. Nachdem Apollon und Artemis die Kinder der Niobe durch Pfeilschüsse getötet hatten, war sie selbst in einen Stein verwandelt worden. Maria hingegen »empfindet, fühlt den Dolch, der die Mitte ihrer Seele durchbohrt, ... aber sie versteinert nicht«.[19] Zwar bricht ihr das Herz, aber »der Gehalt ihres Gemüts, der in unverlierbarer Lebendigkeit durch ihr Seelenleben scheint, ist etwas unendlich Höheres: die lebendige Schönheit der Seele«. Die Naumburger Maria mit ihren ausdrucksstarken Gebärden und den vom Weinen erschlafften Zügen ließe sich ähnlich charakterisieren *(Abb. 10)*. Gleichwohl wirkt bei ihr eine Antikenrezeption nach, die in der französischen Kathedralplastik um 1200 einen Höhepunkt erreicht hatte. Dieser antikisierende Stil setzte sich in der Folgezeit in Reims fort und führte dort in den vierziger Jahren des 13. Jahrhunderts dazu, daß sich bei der »Heimsuchung« an der Westfassade der Kathedrale antike Frauenstatuen in biblische Gestalten verwandelten.

Das Vertrautsein mit derartigen Prozessen, die auch die Maria der Heimsuchungsgruppe im Bamberger Dom (um 1225/30) prägten, ist in Naumburg vorauszusetzen. Denkbar wären aber auch Impulse durch spätantike und mittelalterliche Werke der Provence und Italiens. So zeigt das Rückwandrelief eines angeblich um 400 n. Chr. entstandenen Sarkophags im Dom zu Mantua, der um 1249 anläßlich der Aufnahme von Reliquien des heiligen Johannes Bonus überarbeitet worden sein soll, eine

10 *Maria vom Westlettnerportal, eine weinende Mutter, die an das Mitgefühl der Gläubigen appelliert und zugleich als Verkörperung der christlichen Kirche die Pforte zum Himmel symbolisiert*

11 *Rückwandrelief vom Sarkophag des heiligen Johannes Bonus, wohl aus der Zeit um 400 n. Chr. und um 1249 noch einmal überarbeitet, Mantua, Dom*

Matrone, die mit der Naumburger Maria weitgehend übereinstimmt *(Abb. 11)*:[20] Die eine Hand offen erhoben, die andere flach vor die Brust gelegt, trägt die Sarkophagfigur den Mantel fast auf die gleiche Weise um Haupt und Hüften drapiert. Auch die Ponderation ist dieselbe. Beides entspricht einem in der Kunst der römischen Kaiserzeit weit verbreiteten Beterinnentyp, der vermutlich auf ein griechisches Vorbild des 4. Jahrhunderts v. Chr. zurückgeht. Bekanntestes Beispiel ist die »Livia« (Rom, Vatikanische Museen) aus dem 1. Jahrhundert n. Chr. *(Abb. 12)*. Doch während sich bei dieser Marmorstatue ein feingefälteltes Manteltuch den Körperformen anschmiegt, spiegelt sich der Spannungsreichtum der Naumburger Gestalt im Gegensatz der rechts oben zur Schräge gespannten Mantelpartie zu den Faltengebil-

12 *Römische Beterin, Marmor, 1. Jahrhundert n. Chr., Rom, Vatikanische Museen*

13 *Sarkophagrelief mit Verstorbenen neben einer sich öffnenden Hadestür, 3. Jahrhundert n. Chr., Rom, Vatikanische Museen*

den der linken Seite wider, die, zunächst zurückgestaut, in um so mächtigerer Kaskade herabstürzen. Vertieft wird die emotionale Aussage durch Hell-Dunkel-Kontraste, die zusammen mit den unruhigen Formen den Eindruck des Zerrissenseins vermitteln.
Einen inhaltlichen Wandel erfuhr auch die Gebärdensprache. Der seitlich ausgebreitete Arm galt in der Antike ebenso wie die auf die Brust gelegte Hand als Gebetsgestus. Doch erst die Umkehrung der für byzantinische Werke typischen Gestik, bei der Maria mit überkreuzten Armen den Kummer in sich verschließt, ermöglichte die Wiederaufnahme dieser Tradition. Während die auf dem Herzen ruhende Rechte den Schmerz der Muttergottes verdeutlicht, weist die sich zum Betrachter öffnende Linke auf den Gekreuzigten und damit auf die symbolträchtige Tür. Diese Verknüpfung mit einem Portal läßt wiederum auf spätantike Vorbilder schließen. Auf einem Sarkophagrelief des 3. Jahrhunderts n. Chr., der Wiedergabe eines heidnischen Kultaktes[21], weist eine stehende Frauengestalt mit der erhobenen lin-

14 *Der Lieblingsjünger Johannes aus der Kreuzigungsgruppe*

ken Handfläche zugleich auf die sich öffnende Hadestür *(Abb. 13)*. Blick und ebenfalls erhobene Rechte wenden sich der danebenstehenden Dienerin zu. In Naumburg ist die Tür, die in eine andere Welt führt, in erster Linie ein Christussymbol. Doch auch Maria will hier als »ianua coeli«, als »Pforte zum Himmel« gedeutet werden. Darauf wird weiter unten zurückzukommen sein.

Johannes, der als einziger der Jünger die Passion Christi bis zum Ende miterlebt hat, windet sich in seelischer Qual *(Abb. 14)*. Bezeichnenderweise läßt sich das Skulpturenprogramm in entscheidenden Punkten auf den Text dieses Evangelisten zurückführen. Der Gestalt des Lieblingsjüngers liegt ein besonders kunstvolles System räumlich gegen- und miteinander wirkender Achsen und Achsenbeziehungen zugrunde. Wie in Abwehr hebt sich der rechte Arm. Die gerungenen Hände verdeckt der im oberen Teil durch hohlraumhaltige Partien zerklüftet wirkende Mantel. In breiter Bahn schräg über den Leib gezogen, lenkt er den Blick seitlich zu Christus hin.

## Das Fresko des Weltenrichters

Maria und Johannes wollen nicht nur in Verbindung mit dem Gekreuzigten gesehen werden. Mit der den gesamten Körper erfassenden Leidenschaftlichkeit ihres Schmerzes sind sie auch zum umliegenden Raum und damit zu den Gläubigen in Beziehung gesetzt. Das mehrfach erneuerte Fresko mit seinen eher byzantinischen Zügen wirkt hingegen konventionell *(Abb. 15)*. Die Giebelfläche nahezu ausfüllend ist es jedoch inhaltlich und kompositionell von

15 *Giebelfresko des Weltenrichters mit den beiden Engeln, die als Siegeszeichen Christi Leidenswerkzeuge in den Händen halten*

entscheidender Bedeutung. Indem es Horizontale und Vertikale gleichermaßen betont, hebt es sich vom Relieffries ab und führt die durch den Kruzifix betonte Mittelachse in himmlische Sphären empor. Der Vierpaßrahmen symbolisiert zugleich die aus vier Elementen bestehende und den vier Jahreszeiten unterworfene irdische Welt mit den vier Himmelsrichtungen, den vier Winden und den durch unterschiedliche Wesensmerkmale charakterisierten Menschen. Überhaupt spielt die Zahl Vier bei der architektonischen Gliederung der Lettnerfront eine wichtige Rolle.

Die unerbittliche Strenge des künftigen Gerichtes bestätigt die in Leonidischen Hexametern gehaltene lateinische Rahmeninschrift. Matthäus 25, 32 folgend, besagt sie: »Der Richter hier auf dem Thron scheidet die Guten (die Schafe) von den Bösen (den Böcken). Mag sein Spruch hart sein oder gnädig, er ist unabänderlich.« Flankiert wird der Weltenrichter von zwei Engelhalbfiguren mit den Leidenswerkzeugen – drei Nägel, Kreuz mit Dornenkranz, Longinuslanze und Schwammstab. Sie wurden ebenso wie Nimben, Gewandsäume, Thronsessel und Umschrift in Stuck ausgeführt.

Engel mit den Marterwerkzeugen Christi als Siegeszeichen gehoren zum Programm der Gerichtsportale gotischer Kathedralen Frankreichs wie auch des Fürstenportals vom Bamberger Dom. Doch während hier die siegreiche Kirche, den Gegensatz zwischen Gut und Böse betonend, menschlichen Regungen Raum gewährt, dominiert bei dem Naumburger Fresko ein mehr jenseitsorientierter Ausdruck. Mit der malerischen Darstellung wird hier Körperliches eher negiert. Vielleicht wollte man damit der auch von Bernhard von Clairvaux vertretenen Lehre von den zwei Naturen Christi entsprechen. Dieser letztlich auf das Konzil von Chalkedon im Jahre 451 zurückgehenden Auffassung zufolge hatte Christus auf Erden zwar Schmerz und Leid erduldet, mit der Auferstehung jedoch all diese Affekte abgelegt. Deshalb werden wir im künftigen Leben Christus in der Gestalt Gottes, das heißt in menschlicher Natur, aber ohne die menschliche Knechtsgestalt sehen.[22]

Das Fresko ist auf vielschichtige Weise in das Gesamtprogramm eingebunden. Im Schaffen des Naumburger Meisters begegnet der vermenschlichte Christus freilich selbst dort, wo er das Amt des Richters ausübt. So bei der Deesisgruppe des ursprünglich von Engeln mit den Leidenswerkzeugen flankierten Dreiecksgiebels am Mainzer Lettner. Ein Christus mit milden, weich durchgebildeten Gesichtszügen und behutsamen Gebärden, die im Unterschied zu den Gerichtsportalen französischer Kathedralen die knienden Gestalten Maria und Johannes des Täufers zu sich hin zu ziehen scheinen, macht dort auf seine Seitenwunde aufmerksam. An das Mainzer Vorbild knüpft als Werkstattarbeit des 14. Jahrhunderts die Deesis eines Tympanonreliefs im Ostchor des Naumburger Doms an *(Abb. 16)*.

Vor allem aber sollte der irdische Jesus den Gläubigen nahegebracht werden. Auch damit folgte man den religiösen Anschauungen Bernhards, der dem Nachvollzug von Christi Leiden entscheidende Bedeutung beigemessen hatte. Die Frömmigkeitsbewegungen des späten 12. und des 13. Jahrhunderts verstärkten die Hinwendung zur Passion. Auszuschließen ist hier jedoch der wiederholt behauptete unmittelbare Einfluß von Ketzervereinigun-

16. *Deesis im Ostchor des Naumburger Domes, um 1330, Tympanonrelief aus der Nachfolge des Naumburger Meisters*

gen.[23] Auch das dreiarmige Kreuz in T-Gestalt ist kein Beweis für eine Zugehörigkeit des Meisters zu den Waldensern. Begründet wurde diese These unter anderem mit dem Hinweis auf eine Predigt Papst Innozenz' III. Er hatte 1216 das vierarmige Kreuz beschrieben, an dem Christus mit vier Nägeln befestigt wurde.[24] Aber das T-förmige Kreuz in Naumburg ist ebenso wenig ein »Ketzerkreuz« wie das auf einem Kanzelrelief Nicolo Pisanos von 1260 im Baptisterium zu Pisa, wie bei Giovanni Pisano, bei Giotto und schließlich bei Rogier van der Weyden. Vielmehr wurde hier auf eine Tradition zurückgegriffen, die wie bei dem weitaus häufiger verwendeten vierarmigen Kreuz bis in das 5. Jahrhundert zurückreicht.

Der Naumburger Gekreuzigte ist unmittelbar mit der Architektur verbunden. Dabei wurden Gedanken fortgeführt, die zuvor in Mainz eine Rolle gespielt hatten.[25] Schlußstein des Mitteljochgewölbes in der dortigen Lettnerhalle war der in Fragmenten – darunter der »Kopf mit der Binde« – erhaltene »Adam«, der, zu neuem Leben erweckt, in der Haltung eines Gekreuzigten mit den Gewölberippen verbunden war. In Naumburg ist Christus Träger des Eingangsgewölbes, wobei er im Sinn von Psalm 118,21 und des ersten Petrusbriefs (2,6–8) den »Eck- und Schlußstein« bildet. Nähert man sich dem Lettner von weitem, so entsteht der Eindruck, als ob beide Portalspitzbögen ihren Ausgang von Christi Haupt nehmen. Tatsächlich gabeln sich die Gewölberippen unmittelbar dahinter im Schnittpunkt des Kreuzes, so daß es den Anschein hat, als wüchsen sie aus jenem »lignum vitae« (»Holz des Lebens«) empor. Sie erwecken damit Vorstellungen eines sich verästelnden Baumes, wie sie bei Ecclesia-Allegorien in der Buchmalerei des 12. Jahrhunderts[26], aber auch bei dem ebenfalls symmetrisch angelegten Rankenwerk eines Rautenfensters am südlichen Querhausgiebel in Naumburg anzutreffen sind. Tympana romanischer Kirchen lassen vielfach auf eine Verknüpfung von Portal und Lebensbaumsymbolik schließen[27], so auch um 1230 im Ostchor des Naumburger Doms. Das Lamm Christi ist dort von ornamentalem Rankenwerk umgeben, dessen Voluten vor Vitalität strotzen.

Im Unterschied zu dieser mehr stilisierenden Darstellung äußert sich am Westlettner das

Spannungsverhältnis zwischen der Architektur und der nun in natürlicher Vielfalt wiedergegebenen Pflanzenwelt kontrastreicher und differenzierter. Letztere belebt sowohl die Schauseite als auch die Rückfront. Blattwerk zieht sich unter dem vorkragenden Spitzbogenfries entlang, der die Zone der Brüstungsreliefs nach unten abschließt. Der obere Abschlußfries und die Kapitelle sind ebenfalls mit Pflanzen geschmückt *(Abb. 17 und 18).* »Zart und zugleich kraftvoll ..., scheinbar zufällig und doch

17, 18 *Pflanzenkapitelle vom Westlettner. Wirklichkeitsnähe verbindet sich mit christlichem Symbolgehalt*

nach strengem Gesetz entwachsen sie dem Stein, ähnlich untereinander und doch genau geschieden nach Gattung und Art.«[28]

Eine Voraussetzung für jenen Wandlungsprozeß war die auf genauer Naturbeobachtung beruhende Darstellung der Pflanzenwelt in französischen Kathedralen. In den Schmuckformen aus der Werkstatt des Naumburger Meisters vereint sich ein durch die spätromanische Bauornamentik gefördertes Empfinden für die innere Gesetzmäßigkeit plastischen Gestaltens mit einem fast organisch anmutenden Einfühlungsvermögen in natürliche Wachstumsprozesse. Der hieraus resultierenden Lebendigkeit ist es zu verdanken, daß auf allzu starre Symmetrie wie zum Beispiel an der inneren Westwand der Reimser Kathedrale verzichtet wurde. Besonders bei den Lettnerkapitellen mit ihren sich vom Kelch lösenden und in den Raum wachsenden Blättern wird das deutlich. Die meisten Vorbilder dafür entstammen »der Naturflora, die auf dem Naumburger Kalkboden heimisch ist«.[29]

Neben der Naturtreue ist jedoch vor allem der Symbolgehalt der einzelnen Pflanzen zu berücksichtigen. So galt der Beifuß als uraltes Heilkraut, das selbst den Teufel zu bannen vermochte, und das häufige Auftreten der Weinrebe erklärt sich durch die Passions- wie auch durch die Gerichtsthematik. »Ich bin der wahre Weinstock, und mein Vater ist der Weingärtner. Jedes Schoß an mir, das nicht Frucht trägt, das nimmt er weg, und jedes, das Frucht trägt, das reinigt er, damit es mehr Frucht trage.« So heißt es bei Johannes 15, 1–2. Gleichnishaften Charakter tragen auch die Haselnußzweige. Der Kern der Nuß bezeichnet »Christi Lieblichkeit«, schrieb, an einen Sermon des Heiligen Augustin anknüpfend, Adam von St. Viktor[30], der um 1130 in die Augustinerabtei St. Viktor bei Paris eingetreten war. Durch Christi Blut zu neuem Leben erweckt, mutet diese vielgestaltige Pflanzenwelt fast wie eine Vorahnung des Paradieses an. Vor allem Frühlingsblumen wie Hahnenfuß und Buschwindröschen tragen zu diesem Eindruck bei. Besonders kunstvoll sind die beiden hängenden Schlußsteine an der Westseite der Portaldurchgänge gestaltet. Vom Chor aus rechts breitet sich blühender Hahnenfuß sternförmig aus und umschließt einen Hohlraum. Ähnlich ist das Distelgewächs auf der linken Seite wiedergegeben. Dieses korbartige Gebilde erinnert an Christi Dornenkrone, symbolisiert zugleich aber Sündenfall und Verfluchung Adams. Auch Erinnerungen an den Zweig vom Baum des Paradieses, den Seth auf Adams Grab pflanzte und aus dessen Holz später Jesu Kreuz gefertigt wurde, werden wach. Ebenso wie seit germanischer Zeit die Eiche war auch die Weinrebe, wie die im 12. Jahrhundert wieder auflebende Tradition römischer Apsismosaiken bezeugt, eng mit Vorstellungen vom Baum des Lebens verknüpft. Sie spielen auch in der Franziskanermystik eine wichtige Rolle. Bei der in Bonaventuras Schrift »Lignum vitae« (»Holz des Lebens«) dargelegten Kreuzesallegorie bildet Christus den Stamm eines Baumes, dessen Früchte durch Szenen aus der Heilandsgeschichte verkörpert werden.[31] In Naumburg kommen oberhalb des Relieffrieses noch Architekturelemente – Türmchen und Spitzbogengiebel – hinzu, mit denen, mittelalterlichen Stadtdarstellungen entsprechend, sicherlich Jerusalem gemeint war.

## Die Reliefs. Stilistische Kriterien und inhaltliche Zusammenhänge

Zwar läßt der Gekreuzigte, zu dessen Seiten Stationen seiner Lebensgeschichte dargestellt sind, auch an italienische Tafelkreuze denken; Anordnung, Stil und Aufbau der Reliefs wurden jedoch hauptsächlich durch französische Vorbilder geprägt, die wiederum einem Wandlungsprozeß unterworfen waren. Um 1200 waren dort die einzelnen Szenen noch durch schlanke Säulchen voneinander getrennt, später verzichtete man jedoch auf eine derartige Gliederung. Das Ende des einen und der Beginn des anderen Abschnittes wurde nun durch zwei einander den Rücken zuwendende Figuren markiert, ein Verfahren, das zum Teil in Naumburg fortwirkt. Doch der Gang der Erzählung wird dort weit nachdrücklicher durch rahmenartige Säulchen akzentuiert, deren kräftige Rundungen einen Bezug zur romanischen Architektur herstellen. Jede Szene besitzt dabei ihr eigenes Zentrum, was, ohne übergreifende Zusammenhänge in Frage zu stellen, immer wieder dramatische Höhepunkte ermöglicht.

Hand in Hand damit geht die Plastizität der figürlichen Darstellung. Auch durch das inhaltliche Anliegen bestimmt, dominiert hier ein Zug zum Rustikalen. Für den »Marientod« (um 1230) vom Südquerschiff des Straßburger Münsters waren noch weithin schwingende, fein gefältelte Tücher und sich den Körperformen anschmiegende Gewänder charakteristisch gewesen. Das großzügig geraffte Tischtuch hingegen, das beim Naumburger »Abendmahl« die Komposition nach vorn abschließt, vor allem aber die derben Apostelgestalten und das schlichte Stilleben sind wie aus gröberem Stoff geschaffen *(Abb. 19)*. Wurzeln für »jene eigenartige Zwischenstellung von noch antikisierenden mit hochgotisch zeitgebundenen, wirklichkeitsnahen Zügen, wie sie für alle Werke des Naumburger Kreises charakteristisch ist«, fand man in der Reimser Bildhauerei, insbesondere in den besonders realistischen Skulpturen vom Querhaus der dortigen Kathedrale.[32] Nur erwähnt seien die bereits längere Zeit zurückliegende Suche nach Frühwerken des Naumburger Meisters in Amiens und Noyon[33] sowie das Bemühen, ihnen die »Hirtenverkündigung« vom Chartreser Lettner hinzuzufügen.[34] Auch hier deuten sich Möglichkeiten an, die in Naumburg mit gesteigerter Wucht wieder aufgegriffen und in den Dienst einer neuen, unvergleichlichen Vergegenwärtigung gestellt werden.

Mit großer Konsequenz führte die Entwicklung zu einem mehrzonigen Reliefaufbau, bei dem eine Figur mehreren Raumschichten angehören kann, so daß diese sich wechselseitig durchdringen. Dadurch wird nicht nur ein straffer Zusammenschluß der Gruppierungen möglich, auch ihr Spannungsreichtum steigert sich. Helldunkelwirkungen, hervorgerufen durch Überschneidungen und Hohlräume, aber auch durch das Vorkragen oberer Architekturteile, tragen ebenfalls dazu bei. Zugleich wird, dem Grundanliegen der Kreuzigungsgruppe entsprechend, die unsichtbare Trennwand zu den Gläubigen durchbrochen. Podeste ragen in den Raum hinaus, und die Akteure sind vielfach im Begriff, diese imaginäre Grenze zu überschreiten. Besonders aufschlußreich ist in dieser Hinsicht die »Kreuztragung« am Schluß des Frieses *(Abb. 20)*.

Zwar handelt es sich hier, ebenso wie bei der »Geißelung«, um eine hölzerne Nachbildung von 1737. Die kompositionelle Anordnung der vermutlich 1532 bei einem Brand beschädigten Originalfiguren dürfte jedoch, ungeachtet barocker Details, übernommen worden sein. Dem entspricht, daß die Christusgestalt aus der

19 *Das Abendmahl mit der Verratsankündigung leitet den Relieffries ein*

20 *Das Kreuztragungsrelief, eine hölzerne Nachbildung von 1737, beschließt die Passionsdarstellungen des Westlettners und fordert zur Nachfolge Christi auf*

Tiefe des Reliefs in den Kirchenraum vorzudringen scheint. Das Kreuz auf dem Rücken, von Trauernden und Häschern gefolgt, bewegt sich der Erlöser auf das Mittelschiff zu. Denn »vom Kreuze aus ladet uns«, wie Franziskanermystiker jener Zeit verkündeten, »Christus immer wieder ein zum Kreuztragen«.[35]

Doch vom Gekreuzigten aus spannt sich der Bogen zunächst zum »Abendmahl«, wo sich im Essen des Brotes und im Trinken des Weins die Eucharistie vollzieht *(s. Abb. 19)*. Besondere Monumentalität zeichnet den meist als Jakobus bezeichneten Apostel rechts am Tisch aus. Seine Linke greift nach dem Fisch – ebenfalls ein Christussymbol – in der Schüssel, der Blick richtet sich fast herausfordernd aus dem Bild heraus auf den Betrachter. Von den kommenden Ereignissen noch unberührt, steckt Petrus sich einen Bissen in den Mund, indes ein weiterer Apostel einen kräftigen Schluck aus dem Krug nimmt. Nur Johannes wendet sich fragenden Blicks dem Herrn zu. Dieser ist in seinem stämmigen Wuchs den derben Handwerker- und Bauerngestalten der Apostel verwandt. Die Frontalität und scheinbare Unbewegtheit des breitknochigen Gesichtes, das gleichwohl Demut, den Verzicht auf eigenes Wollen ausstrahlt, heben Jesus jedoch von seiner Umgebung ab.

## Zur Ikonologie des Judasverrats und der Gefangennahme

Die Wiedergabe von nur fünf der zwölf Jünger in der Abendmahlsszene mag sich, symbolisch gesehen, auf die fünf Wunden Christi beziehen. Dem entsprächen, unter Einbeziehung des Portalbaus, die fünf großen Giebel der Lettnerschauseite. In erster Linie jedoch unterstützt diese Beschränkung die Monumentalität der figürlichen Komposition, wobei die Aufmerksamkeit schon jetzt auf Petrus und den verstockt neben ihm sitzenden Judas gelenkt wird. Das Bildprogramm des Reliefzyklus insgesamt

21 *Entgegennahme der Silberlinge durch Judas, dargestellt als Mammonsdienst, bei dem das Geld zur Saat des Bösen wird*

wurzelt weitgehend noch in Traditionen des 12. Jahrhunderts, wie sie durch die Passionsreliefs von St. Gilles in der Provence[36] und dem Pontile des Doms in Modena verkörpert werden. Im szenischen Aufbau, bei dem tuschelnde Nebenfiguren eine Rolle spielen, wie auch im eindringlichen Realismus kommt die Naumburger »Auszahlung der Silberlinge« *(Abb. 21)* dem gleichnamigen Relief der Westfassade von St. Gilles näher als der entsprechenden Judasszene des Lettners von Bourges, bei der drastische Elemente zugunsten einer eleganten Formgebung zurückgedrängt wurden.

Zu den ältesten Judasmotiven seit konstantinischer Zeit hatte die Rückgabe des Blutgelds gehört. Daß im 12. und 13. Jahrhundert verhältnismäßig oft der Empfang der Silberlinge dargestellt wurde, dürfte mit der Ablösung der Natural- durch die Geldwirtschaft und den damit verstärkt aufkommenden Armutsbewegungen zu erklären sein. Diese waren zunächst – so bei den Katharern, den Waldensern und den sich in Städten Oberitaliens zusammenschließenden Humiliaten – vorwiegend ketzerischer Natur, bis Franz von Assisi 1209 von Papst Innozenz III. die Bestätigung seiner Armutsregeln erhielt. Damit war die dem Armutsideal innewohnende soziale Sprengkraft vorerst gemildert.

Sicherlich wollte man in Naumburg die Gläubigen vor den Gefahren allzu großer Besitzgier warnen. Dabei wird eine Dämonisierung des Geldes spürbar, wie sie im zweiten Viertel des 12. Jahrhunderts bereits in St. Gilles stattgefunden hatte *(Abb. 22)*. Dort scheinen dem Kaiphas die Silberlinge in der Hand zu brennen, und er kann sich den Verräter nicht weit genug vom Leib halten. In Naumburg hingegen erweckt körperlich bedrängende Nähe den Eindruck der Komplizenschaft. Das Geld im Mittelpunkt ist die Saat des Bösen, und alles, sogar der schräg in den Raum gestellte Sitz des Hohenpriesters, scheint sich um dieses Zentrum zu drehen. Selbst die Mantelfalten des rechts auf staksigen Beinen herbeigeeilten alten

22 *Auszahlung der Silberlinge an Judas, Relief an der Westfassade von St. Gilles (Provence), 2. Viertel 12. Jahrhundert*

23 *Auszahlung der Silberlinge an Judas, Relief vom Pontile des Doms in Modena, 2. Hälfte 12. Jahrhundert*

Juden wirken wie ein Pfeil, der in jene Richtung weist. Mit der Routine eines Wechslers läßt Kaiphas die Münzen von einer Hand in die andere gleiten, bevor er sie dem von seinem Gewissen geplagten Judas überläßt. Denselben Gestus, von einem Kämmerer unterstützt, finden wir beim Hohepriester eines Reliefs des vermutlich wohl aus der zweiten Hälfte des 12. Jahrhunderts stammenden Pontile in Modena *(Abb. 23)*.[37]

Wer Geld bei sich trage, solle – so forderte der heilige Franziskus – als Judas gelten, der den Beutel besaß.[38] Die Verfechter des utopischen Armutsideals beriefen sich auf einen Ausspruch Jesu (Matthäus 6, 24), welcher besagt, daß niemand zwei Herren dienen kann, nämlich Gott und dem Mammon. Mammondienst galt somit als Judasverrat und Geld als Sakrament des Bösen, dessen blasphemischer Charakter in Naumburg nicht zuletzt daran zu erkennen ist, daß die ausgezahlten Denare Hostien ähneln.[39] Auch nähert sich der abtrünnige Jünger in ähnlich ehrfurchtsvoll gebeugter Haltung dem Kaiphas, wie Petrus und Paulus in frühen Darstellungen der Schlüssel- und der Gesetzesübergabe Christus, dem Herrscher. Dabei wird an einen Brauch angeknüpft, der dem Hofzeremoniell des kaiserlichen Rom entstammt. Wer vom Kaiser und, seit Konstantin, von Christus etwas empfing oder ihnen etwas überreichte, mußte das mit verhüllten Händen tun. Auf dem aus dem 12. oder 13. Jahrhundert stammenden Judasrelief einer Ciboriumssäule in San Marco in Venedig wird das Blutgeld auf ähnliche Weise entgegengenommen.[40] Frühe Judasdarstellungen – so im Codex Purpureus Rossanensis (Rossano, Museo dell'Archivesocado) aus dem 6. Jahrhundert – verwendeten diesen Ehr-

24 *Die Häscher des Kaiphas und Christi Vorführung vor Pilatus, der, als weltlicher Richter dargestellt, seine Hände in Unschuld wäscht*

furchtsgestus bei der versuchten Rückgabe der Silberlinge.
Kompositionell mutet die Auszahlung des Geldes in Naumburg wie eine Weiterentwicklung der sich auf zwei Reliefzonen beschränkenden »Handwaschung des Pilatus« auf der rechten Lettnerseite an *(Abb. 24)*. Auch die jeweils schräg angeordneten Sitze des Kaiphas und des Pilatus sowie die Haltung beider Thronender sind aufeinander abgestimmt. Sie ist weiterhin der Pilatusszene eines Elfenbeinkästchens (London, British Museum) aus dem 5. Jahrhundert verwandt *(Abb. 25)*. Im Zusammenhang mit Naumburg ist darauf verwiesen worden, daß dieses Handwaschungsmotiv, in seinen Grundzügen ganz ähnlich, schon auf frühchristlichen Sarkophagen vorkommt.[41] Mit dem bildrandparallel angeordneten Po-

25 *Handwaschung des Pilatus, Kreuztragung Christi und Verleugnung Petri, Relief von einem Elfenbeinkästchen des 5. Jahrhunderts, London, British Museum*

26 *Szenen aus der Passion Christi, Elfenbeinrelief der Lipsanothek von Brescia, um 320 n. Chr.*

dest, auf dem sich die hinter dem Sitz stehenden Wächter postiert haben, und in der Armhaltung des Pilatus steht das Naumburger Werk allerdings der gleichnamigen Darstellung der Lipsanothek von Brescia (um 320) näher *(Abb. 26)*.[42] Typisch für das mittelalterliche Relief hingegen sind dramatische Spannungen, die sich, besonders bei Pilatus, im Gegeneinander der Bewegungen und im Erfassen von seelisch Hintergründigem äußern.

An Kriegerdarstellungen spätantiker Reliefs erinnert der sich zur Flucht wendende Apostel rechts im Hintergrund der »Gefangennahme«. Waren bei der vorangegangenen Judasszene die Turbulenzen vom Zentrum ausgegangen, so bildet Christus nun die unverrückbare Mittelachse *(Abb. 27)*. Etwa ein halbes Jahrhundert später sollte Giotto auf einem Fresko in der Arenakapelle zu Padua Jesus in Profilansicht wiedergeben und so durch den Blickwech-

sel mit Judas neue Ausdrucksmöglichkeiten erschließen. Nicht minder eindringlich wirkt jedoch die in Naumburg gewählte traditionelle Frontalansicht, bei der Christus dem Betrachter zugewandt bleibt. Nahezu reptilienhaft erscheint der Kuß des Verräters. Seine Hand auf Jesu Herz legend, wechselt er einen Blick listigen Einverständnisses mit dem rüden Gesellen links im Bild. Ein bandagiertes Schwert, plump geschultert, weist ihn als Gerichtsdiener aus. Die Linke faßt nach hinten zur Brust Christi.

27 *Gefangennahme Christi. Judaskuß, brutales Handanlegen der Häscher, der Zorn des Petrus und die beginnende Flucht der Jünger bilden eine spannungsgeladene Komposition mit Christus als Mittelpunkt*

Ähnlich brutales Zupacken im Unterschied zum Sichanschleichen des Judas deutet sich bei einem Relief vom Kapitellfries am Königsportal (1145–1155) der Kathedrale in Chartres an. Korrespondierend mit der aggressiven und verwinkelten Armhaltung des Gerichtsdieners fährt das Schwert Petri auf den erschrocken in die Knie gehenden Malchus nieder. Die Diagonale des Schwertes wirkt dabei wie eine herabfallende Schranke. Durch komplizierte Bewegungsabläufe und Überschneidungen unterstützt, bereitet sich so ein Prinzip der Formenvergitterung vor, das schließlich in der Spätgotik seinen Höhepunkt erleben sollte.

## Petrus und die Magd an der Tür

Während auf den Reliefs der linken Lettnerseite Verrat und Wankelmut eine wichtige Rolle spielen, dominieren rechts Szenen des »Gerichtsvollzugs«. Die Teilung der »Verleugnung Petri« in zwei voneinander getrennte Reliefs erscheint so auch inhaltlich gerechtfertigt *(Abb. 24 links u. 28)*. Beide Reliefs wirken wie Gelenkstellen, die eine Verbindung zu Kreuzigungsgruppe und Giebelfresko herstellen. So setzen sich die widerstreitenden Bewegungsrichtungen der Maria in der Körperdrehung der Magd fort. Im Unterschied zu den weit häufigeren Verleugnungsdarstellungen, die, Lukas 22, 55–60 und Markus 14, 66–72 folgend, Petrus mit krähendem Hahn am Feuer sitzend zeigen, griff man hier – mit Blick auf die Portalsituation – wohl eher auf Johannes 18, 16–18 zurück. Denn bei ihm wird die Magd als Türhüterin bezeichnet.
Ähnliches war im frühen 6. Jahrhundert auf

einem Mosaik in S. Apollinare Nuovo in Ravenna geschehen, und auch die »Dritte Verleugnung Petri« auf der Rückseite von Duccios »Maestà« (1311) in Siena sollte diese Tradition aufgreifen. Was die beiden Naumburger Gestalten betrifft, so vereint sich Plastizität mit dynamischer Stoßkraft, wodurch die spitzwinklig aufeinandertreffenden Formen keilartig auseinandergetrieben werden. Das rechte Bein schräg vorgestellt, weist die Magd mit ausgestrecktem Zeigefinger auf Petrus, der angesichts solch physisch bedrängender Vitalität mit emporgerafftem Mantel über den Giebel zu entkommen versucht. Damit setzt sich die Einbeziehung der Architektur fort, die in dem freudig lachenden und dem weinenden Engel vom Giebel des Mainzer Lettners ihren Auftakt gefunden hatte.

Auf zunächst fast provozierend anmutende Weise wird, Gegensätze betonend, diese Magd zu Maria als der wahren Magd Gottes in Beziehung gesetzt. Das hat travestierende Elemente zur Folge, so die Gebärde des Gewandraffens nach dem Vorbild vornehmer Damen wie der Uta im Westchor. Vor allem aber weisen, ähnlich wie bei der Muttergottes, Zeigegestus und seitliche Kopfdrehung in entgegengesetzte Richtungen. Dadurch wird eine Verbindung zwischen dem mit ungestümer Gewalt reagierenden Haudegen der »Gefangennahme« und dem nun seiner Schwäche erliegenden Petrus hergestellt. Veranschaulicht wird so der Dialog mit dem Apostel: »Bist etwa auch du einer von den Jüngern dieses Menschen? Er sagte, ich bin's nicht« (Johannes 18, 17).

Zugleich scheint sich der verständnisheischende Blick der Magd einem imaginären Publikum zuzuwenden. So wie Maria an das Mit-

28 *Die Verleugnung Petri mit der Magd als Türsteherin und dem schuldig gewordenen Apostel im Spannungsfeld zwischen Reue und Berufung*

gefühl der Gläubigen appelliert, erwartet jene Frau die Zustimmung Gleichgesinnter, womit vor allem die im Zwiegespräch begriffenen Häscher auf der anderen Giebelseite gemeint sein dürften. In deren zwanglos wirkenden Körperdrehungen wird die Diagonale wieder aufgegriffen, die dem figürlichen Aufbau des Johannes *(Abb. 14)* zugrunde liegt. Außerdem bilden sie den Auftakt zur »Handwaschung des Pilatus«, die den römischen Statthalter in der Haltung des weltlichen Richters, nämlich mit überkreuzten Beinen, zeigt.

Mehrdeutig wie die Darstellung Petri mit der Magd erscheint auch diese Wächterszene, bei der einer der beiden Männer, in der Haltung ähnlich wie Petrus, ein Bein am Giebel aufstützt. Ihre Nachdenklichkeit läßt eine Ahnung von der historischen Tragweite jener Ereignisse aufkommen. Schwert und Knüppel neigen sich in Richtung Petri, sind jedoch angesichts der Leidenswerkzeuge des Gerichtsbildes zum Scheitern verurteilt. Erinnert sei weiterhin an eine apokryphe Petrusgeschichte, in der, im Anschluß an ein Felsquellwunder, über die Taufe der römischen Soldaten Processus und Martianus berichtet wird. Einen Bezug zur Taufe weist auch die Longinuslanze auf, mit deren Hilfe der römische Hauptmann Longinus Christi Seite durchstach, so daß Blut und Wasser heraustraten.[43]

In der Legende des Petrus, wie sie durch das 12. Kapitel der Apostelgeschichte überliefert wird, ist die Türsymbolik eng mit einem Befreiungswunder verbunden.[44] Außer dem erlösenden Engel begegnen wiederum zwei Wächter, die dann hingerichtet werden, und eine nun freundlich gesonnene Magd, wobei der Engel mit Kreuz und Siegerkranz in Naumburg auch einen Hinweis auf den späteren Märtyrertod des Apostels enthalten könnte. Daß seine Füße auf der abschüssigen Bahn Halt finden, wirkt wie ein Beweis göttlicher Gnade. Nicht näher definierbare Gebilde, Wolken oder Gezweig vom Baum des Lebens, wachsen dafür seitlich aus dem Giebel. So führt der Weg empor zur Rechten des Herrn, wo sich seit frühchristlicher Zeit der Platz des Petrus befand. Denn diesem hatte, und damit deutet sich ein weiterer Aspekt der Portalsymbolik an, Christus die Verfügungsgewalt über die Schlüssel zum Himmelreich zugesprochen (Matthäus 16, 19). Noch aufschlußreicher ist in dieser Hinsicht die Berufung durch den Auferstandenen, wie sie laut Johannes 21, 15–19 erfolgte. Sie wurde auf frühen Christus-Petrus-Sarkophagen zusammen mit der Verleugnung dargestellt, wobei auch die Scham und Betrübnis des Jüngers zum Ausdruck kamen.[45]

Zusammen mit Paulus war Petrus Patronatsheiliger des Naumburger Doms. Dadurch, daß man die Aufmerksamkeit auf die Momente des Versagens im Leben des Apostelfürsten lenkte, sollte keineswegs die herrschende Kirche in Frage gestellt werden, was unter dem papsttreuen Dietrich II. ohnehin nicht möglich gewesen ware. Wohl aber könnte eine Widerlegung von Ketzern beabsichtigt gewesen sein, die Petrus verwarfen, weil er Christus verleugnet hatte. Zugleich wollte man sicherlich auch deutlich machen, daß Reue den Sünder auf den rechten Weg führt. So wurde eine Problematik neu durchdacht, mit der sich schon Sarkophagreliefs des 5. Jahrhunderts beschäftigt hatten. Dort galt der verleugnende, trauernde und wieder in Gnade aufgenommene Petrus als Kronzeuge für Gottes befreiende Allmacht. Wie

Christus seinem Jünger verziehen hatte, würde er auch den Toten vergeben. Dieser Rückgriff auf frühchristliche Traditionen, bei dem man sich auch der Armut Jesu entsann, verband sich in Naumburg mit einem neuen, stark subjektive Züge aufweisenden Frömmigkeitsempfinden, das man im Sinne der Kirche nutzen wollte.

## Die Stifterfiguren und der Erlösungsgedanke

Die Aufstellung weltlicher Stifterstandbilder im Westchor erscheint zunächst ungewöhnlich, da ihr Ort seit dem 12. Jahrhundert zumeist der Eingang zur Kirche war. Doch auch im Inneren, insbesondere im Sanktuarium, waren Bilder von Stiftern üblich. Diese Tradition läßt sich bis in vormittelalterliche Zeiten zurückverfolgen und setzt sich, wie die Statuen von Kaiser Otto I. und Kaiserin Adelheid im Chor des Meißener Doms belegen, unmittelbar im Anschluß an Naumburg fort. Auf vielfach monumentale Weise sollten so – häufig retrospektiv – Stiftungen, Schenkungen und Privilegien bezeugt werden. Darüber hinaus erhebt sich in Naumburg die Frage nach einem inhaltlichen Bezug zwischen Stifterfiguren und Westlettner. Zwar wendet sich der Relieffries in erster Linie an die Gläubigen im Langhaus, das Portal mit Kreuzigungsgruppe und Jüngstem Gericht hingegen stellt auch die Verbindung zum Westchor her. Den Weg zum Gekreuzigten und – über ein auch von Bernhard von Clairvaux angenommenes Zwischenreich der Toten[46] – zum himmlischen Jerusalem weist hier Maria. Als »Hüterin der Schwelle« gleichsam an der Grenze zwischen Diesseits und Jenseits stehend, verkörpert sie als Maria Ecclesia die christliche Kirche, um die sich die Stifter verdient gemacht haben. Für die beiden leerstehenden Konsolen der Seitenwangen wären angesichts der Passions- und Gerichtsthematik Skulpturen der Ecclesia und der Synagoge denkbar, die uns hauptsächlich vom Straßburger Münster und Bamberger Dom sowie zuvor vom Tympanonrelief der Kreuzigung in St. Gilles her vertraut sind, die aber auch zum Programm des Mainzer Lettners gehörten. Die Gestalt des Petrus am dortigen Westlettner gibt einen wichtigen Ansatzpunkt zur Deutung der Stifterfiguren, denn sie ordnen sich in ein verwandtes Spannungsfeld zwischen Sündhaftigkeit und Auserwähltsein ein. Gewissermaßen an Ecclesia vorbei mußten sie allerdings, um der Gnade Gottes teilhaftig zu werden, durch das Portal mit dem Gekreuzigten hindurchgelangen. Nur so konnten sie, wie der Adam sächsischer Triumphkreuzgruppen, durch das Blut des Erlösers zu neuem Leben erweckt werden. Auch an protestantische Kunst sei erinnert, so an den Blutstrahl aus Christi Seitenwunde, der auf dem Weimarer Fürstenaltar Lucas Cranachs d. J. von 1555 das Haupt des greisen Cranach näßt.[47] Vor allem aber dürften Adamsvorstellungen, die im Zusammenhang mit dem mittelalterlichen Herrscherbild beim Mainzer Lettner eine Rolle gespielt hatten, sozusagen auf territorialfürstlicher Ebene wieder aufgegriffen worden sein.

Westlettner und Stifterfiguren zeigen das Ringen zwischen »aristokratischem Menschentum« auf der einen und »dem neu entdeckten, aus dem Evangelium gewonnenen Bilde des armen Menschen ... in seiner Christus-Nähe auf der anderen Seite«.[48] Letzteres ist aus einer religiösen und künstlerischen Umbruchsituation zu begreifen, »vor allem aus der intensiven christologischen und christozentrischen Wendung der Frömmigkeit«. Gleichzeitig erfolgte eine »Selbstverklärung« jener feudalen Oberschicht, zu der die als zeitgenössische Fürsten und Adlige dargestellten Stifter gehörten. Doch die sich oft kompromißlos äußernde neue Religiosität spielte auch in diesen Kreisen eine Rolle, wie das Leben der thüringischen Landgräfin Elisabeth, einer Verwandten Bischof Dietrichs II., bezeugt. Ihr Bild ist zusammen mit dem anderer Heiliger Teil des Glasfensterprogramms im Westchor.

Sicherlich ging es bei dem Skulpturenzyklus nicht nur darum, den Machtansprüchen der Meißener Markgrafen entgegenzutreten, die das Naumburger Bistum zugunsten ihrer im Aufstieg begriffenen Wettiner Hausmacht bekämpften. Der Kirche allerdings blieb »in diesem ungleichen Ringen nur die ihr eigene Waffe ideologischer Auseinandersetzung«, nämlich der mahnende Hinweis auf die Toten.[49] Doch das war nur ein Aspekt. Weit mehr ging es um das Sichtbarmachen kosmisch-heilsgeschichtlicher Zusammenhänge. Denn ebenso wie einst die Paladine Karls des Großen und Ritter der Artusrunde gibt es zwölf Stifterfiguren, wodurch sich vor allem ein Bezug zu den Jüngern Christi herstellt. Dies wird auch durch die Aufstellung an den Chordiensten betont, ähnlich wie bei den Apostelstatuen der Sainte Chapelle (1242–1248) in Paris. Letztlich wurde so eine Einheit von Weltlichem und Sakralem erreicht, wie sie um 1180 im »Perceval« des Chrestien de Troyes und dann nach 1200 im »Parzival« Wolframs von Eschenbach

29 *Eckehard und Uta, Inbegriff machtbewußten Herrschertums und höfischer Vollkommenheit*

30 *Hermann und Reglindis als Verkörperungen schwermütigen Sinnens und freudiger Zuversicht*

ihren höchsten literarischen Ausdruck gefunden hatte. Sündhaftigkeit erscheint dort nachgerade als Beweis für das Auserwähltsein des Helden. Ohne Gottes verzeihende Allmacht hätte hier selbst tiefste Zerknirschung und äußerste Bereitschaft zur Sühne nicht gereicht, um Schuld zu tilgen.[50] Der Hinwendung zur Passion Christi, ausgelöst durch den Karfreitagsgottesdienst, kam dabei entscheidende Bedeutung zu.

Eine ähnliche heilsgeschichtliche Aktualisierung des Gedankens der Erlösung von der Schuld liegt in Naumburg vor, wobei der enge Wirkungszusammenhang von Sünde, Spende an die Kirche und Sündenvergebung den Ausgang gebildet haben dürfte. Der Urkunde von 1249 zufolge hatten sich die Stifter durch ihre Gründung das größte Verdienst bei Gott erworben. Noch Jahrhunderte nach ihrem Tod waren sie so in der Gemeinschaft des Domkapitels geborgen, und es wurde dort für sie nicht nur im Rahmen des Totenoffiziums gebetet. Denn selbst die energiegeladene Körperlichkeit dieser acht Männer und vier Frauen konnte nicht darüber hinwegtäuschen, daß sie – wenngleich in unterschiedlichem Grade – immer noch der Läuterung bedürftig waren. Zwar nehmen sie den Platz von Aposteln ein, aber auch deren irdisches Leben war, wie am Beispiel des Petrus ersichtlich, nicht von Sünde frei gewesen.

Als historische Gestalten hatten die Stifter zum Teil schwere Schuld auf sich geladen. So ließ Eckehard II. 1034 seinen Schwager Dietrich, Stammvater des Wettinischen Hauses und Vater Thimos von Kistritz, ermorden. Das Standbild zeigt Eckehard als gereifte und ihrer Macht bewußte Herrscherpersönlichkeit, mit

Uta als Inbegriff höfischer Vollkommenheit an seiner Seite *(Abb. 29)*. Gegenüber, ebenfalls an herausragender Stelle, nämlich wiederum an der Grenze von Chorjoch und Sanktuarium, steht als Typ des jugendlichen Fürsten der Bruder Eckehards, Hermann, mit seiner Gattin Reglindis *(Abb. 30)*. Bei ihr wurde eine Verwandtschaft mit der Büste der »Fortitudo« (»Tapferkeit«) vom südlichen Querhaus der Reimser Kathedrale beobachtet[51], und wie eine Verkörperung freudiger Zuversicht erscheint die jung verstorbene Markgräfin neben ihrem versonnen wirkenden Mann. Doch auch die Schwermut, die aus Gesicht und Haltung Hermanns spricht, dürfte sein Seelenheil kaum in Frage gestellt haben. Denn die Umwandlung der aristotelischen Temperamentenlehre, die hauptsächlich um 1230 durch den Pariser Bischof Wilhelm von Auvergne erfolgte, hatte zur Folge gehabt, daß man in der Melancholie genauso wenig ein Übel sah wie in den Leiden, die Gott über die Märtyrer verhängte.[52]

Vier weitere Stifter und Stifterinnen – Graf Dietrich von Brehna und seine Gattin Gerburg, Graf Konrad (Kopf 1939 durch Hermann Bleeker ergänzt) und Gräfin Gepa (bzw. Berchta oder Adelheid – nicht alle Namen der Stifterfiguren stehen mit Sicherheit fest) – sind einander gegenüber im Chorjoch aufgestellt.

Während der mit gealterten Zügen wiedergegebene Dietrich von innerer Unruhe erfaßt ist, erscheint Gerburg als hoheitsvoll Schreitende. Eine zur Weltabgewandtheit gesteigerte Frömmigkeit kennzeichnet Gepa, unter den vier Stifterinnen die an Lebensjahren älteste *(Abb. 31)*. Diese in der Gewandbildung – dem Kontrast zwischen schwer herabfallenden und kleinteilig zerknitterten Falten – den Lettnerreliefs ver-

31 *Gepa, Ausdruck einer zur Weltabgewandtheit gesteigerten Frömmigkeit*

32 *Thimo von Kistritz, laut Schildinschrift schenkte er der Kirche sieben Dörfer, bändigt nur mühsam seine Emotionen*

wandte Frauengestalt ist als schwermütig Sinnende dargestellt, die in der Lektüre des Gebetbuchs Frieden findet.

Die acht Männer und Frauen, die ihren Platz im Chorjoch und an der Grenze zum Sanktuarium gefunden haben, muten in ihrer wechselseitigen Ergänzung wie Gegensatzpaare an, denen unterschiedliche Verhaltensmuster zugrunde liegen. Aufschlußreich ist wiederum die Zahlensymbolik: Die Acht bedeutet Taufe wie

33 *Die auffällig geschwungene Haltung des Wilhelm von Camburg läßt auf einen heftigen inneren Affekt schließen*

auch Auferstehung und ewiges Leben. Nicht minder wichtig ist die in der architektonischen Gliederung des Lettners ebenfalls wiederkehrende Vier als eine Zahl, die den Körper symbolisiert, was auch menschliche Eigenschaften einschließt. So wirken die vier Männer im Polygon ungewöhnlich konfliktgeladen, insbesondere der keineswegs höfischen Idealvorstellungen entsprechende Thimo von Kistritz *(Abb. 32)*. Laut Schildinschrift hatte er der Kirche sieben Dörfer geschenkt. Zwar ist seine Körperhaltung ruhig, doch der finstere Gesichtsausdruck verkündet Unheil. Die Augen blicken heimtückisch, und die Wut, die Thimos Wangen bläht, wird nur mühsam gezähmt.

Wilhelm von Camburg, als Gegner Heinrichs IV. zu den Slawen geflohen, weist einen mehr wehmütig-nachdenklichen Zug auf *(Abb. 33)*. Die auffällig geschwungene Haltung, durch den um die rechte Körperseite emporgezogenen Mantel noch unterstrichen, läßt auf einen heftigen inneren Affekt schließen, bei dem der verhüllte Schwertarm allerdings zur Untätigkeit verurteilt ist.

Zorn sprüht aus dem Antlitz des Syzzo von Käfernburg *(Abb. 34)*. Das bandagierte Schwert, das an seiner rechten Schulter lehnt, symbolisiert landesherrliche Gewalt und läßt zugleich noch einmal das Motiv weltlicher Gerichtsbarkeit anklingen.

Hinter erhobenem Schild zückt schließlich Thietmar, der Graf, der laut Inschrift erschlagen wurde, sein Schwert. Ebenso wie Thimo wird er in der Urkunde von 1249 nicht genannt.

Die vorwiegend zeitgenössische Gewandung der Stifter enthält antikisierende Elemente, was man zum Teil auch bei Skulpturen der Reimser Kathedrale beobachten kann. Vorbilder für die erregten Gesichter der Naumburger Grafen finden sich in dortigen Kopfkonsolen. Ihnen liegen letztlich Typen römischer Porträtplastik zugrunde. Besonders deutlich wird dies auch bei dem jäh bewegten Kopf des Syzzo. In Naumburg kulminieren die unterschiedlich gebändigten emotionalen Leidenschaften im Allerheiligsten. Vielleicht wollte

34 *Syzzo von Käfernburg. Das bandagierte Schwert symbolisiert landesherrliche Gewalt und läßt noch einmal das Motiv weltlicher Gerichtsbarkeit anklingen*

man so deutlich machen, wie läuterungsbedürftig die Stifter waren. Dies ging Hand in Hand mit der Verheißung künftigen Auserwähltseins, die in den zeitgleichen Glasmalereien ihren Ausdruck findet: Dort überwinden Tugenden die Laster und siegen Apostel über ihre Widersacher. Optisch verschmilzt das farbige Licht der Fenster mit dem Jüngsten Gericht des Portals, so daß sie – nach dem irdischen Jerusalem der oberen Lettnerregion – als Vision des himmlischen Jerusalem auch die im Langhaus versammelten Gläubigen erreichen.

## Zur Nachfolge der Naumburger Lettnerskulpturen

Fast wirkt es wie eine Erinnerung an das Westlettnerportal, wenn der dem Kartäuserorden angehörende Mystiker Ludolf von Sachsen (um 1300–1378) in seinem Buch »Leben Christi« um 1350 schrieb: »Durch Drangsale also müssen wir in das Reich Gottes eingehen. Das wird gut dadurch ausgedrückt, daß das Kreuz zwischen dem Chor und den Schranken der Kirche aufgerichtet wird, damit die Eintretenden unter dem Kreuz hindurchschreiten, weil man von der streitenden zur triumphierenden Kirche nur durch das Kreuz gelangt.«[53]

Auch in der mittelalterlichen Bildhauerkunst wirkten die Naumburger Skulpturen fort. Zwar verkörperten sie einen Höhepunkt, der in unmittelbarer Nachfolge nicht wieder zu erreichen war, dennoch boten sich immer wieder Anknüpfungspunkte. So kehren um 1330 am

35 *Kreuzigung Christi, Tympanonrelief vom Ostportal des Triangels am Erfurter Dom, das um 1330 die Naumburger Tradition fortsetzt*

Triangel des Erfurter Doms zusammen mit anderen Reminiszenzen des 13. Jahrhunderts Motive der Naumburger Kreuzigungsgruppe wieder *(Abb. 35)*. Der Gekreuzigte des Ostportals weist zwar ähnlich gedrungene Formen auf, und auch die Gebärden der Maria und des

Johannes scheinen sich, ebenso wie die Anordnung der Gewänder, zu wiederholen. Doch die Lebendigkeit, mit der sich die Skulpturen in Naumburg dem Betrachter erschließen, war bei der eher konventionellen Einbindung in ein Tympanonrelief nicht mehr möglich.
Ein unmittelbarer Appell an die Gefühle der Gläubigen erfolgt im Naumburger Umfeld erneut um 1400. In der Moritzkirche in Halle fordert nun die von Conrad von Einbeck geschaffene Schmerzensmutter mit fast plebejischer Ausdruckskraft zum Mitempfinden auf, und mit Conrads Schmerzensmann von 1416 begegnet uns dort auf emotional tief berührende Weise auch der Christus in Knechtsgestalt.[54]
Überhaupt förderten die realistischen Tendenzen in der Bildhauerkunst der Parlerzeit das Interesse für Werke des 13. Jahrhunderts. Daß sich die Werkstatt, die um 1380/90 die Tumba Gebhardts von Querfurt in der Querfurter Schloßkapelle, den »Ritter Esiko« im Merseburger Dom und die Stifterfiguren in der Johanniskirche in Barby schuf, mit dem Naumburger Westlettner vertraut gemacht hatte, bezeugen um 1400 Lettner- und Chorschrankenreliefs im Havelberger Dom.[55] Charakteristische Details, vor allem Körperhaltungen und Gebärden, spielten dabei eine wesentliche Rolle, zum Beispiel das nun besonders plumpe Gewandraffen der Magd bei »Petri Verleugnung«. Auch erinnert die Muttergottes der »Kreuztragung« in Gesicht und Kopfhaltung an die Naumburger Maria. Eine weitere Gruppe von Havelberger Reliefs, die sich in ihrer Expressivität vom Tympanonrelief (um 1380) am Nordportal der Prager Teynkirche herleiten lassen, nutzte ebenfalls derartige

Ausdrucksmöglichkeiten. Die überkreuzte Beinhaltung des Naumburger Pilatus kehrt hier bei einem Schergen aus »Jesu Vorführung vor Herodes« wieder *(Abb. 36)*, ebenso wie das Tuscheln der Kriegsknechte, die auch in Havelberg den Auftakt zur Pilatusszene bilden. Hatte sich in Naumburg jedoch die Gemeinheit der Verfolger Christi in einer zu drastischer Vitalität gesteigerten plastischen Form geäußert, so traten an ihre Stelle jetzt vielfach dünne, spinnenbeinähnliche Gebilde sowie tiefe Kerben und Aushöhlungen, die den Charakter des Satanischen noch betonen.

Wenn Traditionen, die in Naumburg einen frühen Höhepunkt erreicht hatten, noch im späten Mittelalter fortwirkten, so war das zum Teil der Devotio moderna zu verdanken. Diese religiöse Erneuerungsbewegung lebte im 15. Jahrhundert, zum Teil im Verein mit Franziskanermystik, in den Niederlanden vor allem

36 *Vorführung Christi vor Herodes, Chorschrankenrelief im Havelberger Dom*

bei den Kartäusern wieder auf. Ihnen stand Rogier van der Weyden nahe. Während sich um 1453/55 auf seinem Sakramentsaltar (Antwerpen, Museum der Schönen Künste) der Gekreuzigte in einer gotischen Basilika hoch über dem Lettner erhebt, fügt sich bei dem sogenannten Cambrai-Altar (Madrid, Prado) aus dem Umfeld Rogiers die Kreuzigungsgruppe in ein Kirchenportal ein *(Abb. 37)*.[56] In der Lai-

*37 Mitteltafel des sogenannten Cambrai-Altares aus dem Umfeld Rogiers van der Weyden, Madrid, Prado. Die Kreuzigungsgruppe im Portal führt eine Bildtradition fort, die mit dem Westlettnerportal des Naumburger Doms einen früheren Höhepunkt gefunden hatte*

bung sind Szenen aus der Leidensgeschichte Christi und an den Fialen sechs Sakramente dargestellt; das siebente, die Eucharistie, wird vor dem Lettner im Hintergrund gefeiert. Damit wiederholt sich Christi Blutopfer, auf das Maria, sich den Gläubigen zuwendend, ebenfalls verweist. Die Gestik greift hier auf byzantinische Überlieferungen zurück.

Den Laien wird durch das geöffnete Lettnerportal oder aber, wie bei Rogiers Sakramentsaltar, durch Gitterstäbe hindurch Einblick in den Chor gewährt. Dies entsprach einer hauptsächlich im 14. Jahrhundert einsetzenden Entwicklung, die in der Spätgotik, so um 1500 in der Kathedrale von Albi, ihren Höhepunkt fand. Die Schlüsselstellung des Lettners als Eingang zur »Kirche in der Kirche« war dabei wiederum eng mit der Vision vom himmlischen Jerusalem verknüpft. Das geht auch aus spätmittelalterlichen Altären hervor, auf denen die Paradiespforte als lettnerartige Tribüne mit hoch emporragendem Portalgiebel wiedergegeben wird. In dieser Hinsicht führen Darstellungen des Jüngsten Gerichtes – so von Stephan Lochner um 1435 in Köln (Wallraf-Richartz-Museum), von Rogier van der Weyden 1445 im Hôtel Dieu in Beaune und von Hans Memling 1467 in der Danziger Marienkirche – eine Tradition fort, die bereits im Zusammenhang mit dem Naumburger Westlettner greifbar wurde.

Ein vorwiegend kunstgeschichtlich motiviertes Interesse für die Naumburger Skulpturen begann sich mit der Romantik zu regen. Der von ihnen vermittelte Eindruck unmittelbarer Lebensnähe führte in der Folgezeit mitunter zu romanhaften Fehlinterpretationen. Von zum Teil sehr unterschiedlichen Positionen aus glaubte man immer wieder, sich mit diesen aus der Sicht des 13. Jahrhunderts dargestellten Menschen identifizieren zu können. So wurden ihre Kämpfe und ihre Niederlagen, ihre Würde, aber auch ihre Schuld und ihre Hoffnungen über die Zeiten hinweg als gegenwärtig empfunden. Zwar mußte das oft stark gefühlsmäßig bedingte Erleben vielfach in die Irre führen, zugleich ging von ihm jedoch der Antrieb aus, nach den Sinnzusammenhängen zu suchen, die in diesem »Gesamtkunstwerk« Gestalt annahmen.

1 Walter Stach, Die Naumburger Urkunde vom Jahre 1249. In: Herbert Küas, Die Naumburger Werkstatt, Berlin 1937, S. 175–182.

2 Ernst Schubert, Der Westchor des Naumburger Doms. Ein Beitrag zur Datierung und zum Verständnis der Standbilder. 2. Aufl. Berlin 1965 (= Abhandlungen der Deutschen Akademie der Wissenschaften zu Berlin, Klasse für Sprachen, Literatur und Kunst, Jg. 1964, Nr. 1). Hieran anknüpfend Friedrich Möbius, Zur Rekonstruktion der Programmatik des Naumburger Westchors, in: Helga Sciurie und Friedrich Möbius, Der Naumburger Westchor, Worms 1989, S. 45–73.

3 Walter Schlesinger, Kirchengeschichte Sachsens im Mittelalter. II. Bd. Das Zeitalter der Deutschen Ostsiedlung (1100–1300), Köln/Graz 1962 (= Mitteldeutsche Forschungen 27/II), S. 115.

4 Ernst Schubert, Der Westlettner des Naumburger Doms, in: Kunstwissenschaftliche Beiträge 2, S. 7–15 (= Bildende Kunst 27, 1979, 8, Beilage).

5 Willibald Sauerländer, Gotische Skulptur in Frankreich 1140–1270, München 1970, S. 121–123.

6 Ebenda, S. 185.

7 Annegret Peschlow-Kondermann, Rekonstruktion des Westlettners und der Ostchoranlage des 13. Jahrhunderts im Mainzer Dom, Wiesbaden 1972, S. 129 f.

8 Wilhelm Schlink, Der Beau-Dieu von Amiens. Das Christusbild der gotischen Kathedrale, Frankfurt am Main und Leipzig 1991, S. 13–23. Zu dieser Problematik in Naumburg siehe Peter Metz, Der Stifterchor des Naumburger Doms, Berlin 1947, S. 11.

9 Reiner Haussherr, Triumphkreuzgruppen der Stauferzeit, in: Die Zeit der Staufer. Geschichte – Kultur – Kunst. Katalog der Ausstellung Stuttgart 1977, Bd. V. Supplement, Vorträge und Forschungen, Stuttgart 1979, S. 131–168.

10 Elisabeth Hütter und Heinrich Magirius, Der Wechselburger Lettner. Forschungen zur Denkmalpflege, Berlin 1983, S. 193–245. Adolf Goldschmidt, Das Naumburger Lettnerkreuz im Kaiser-Friedrich-Museum in Berlin, in: Jahrbuch der Königlich Preußischen Kunstsammlungen 36, 1915, S. 137–152. Johanna Flemming, Edgar Lehmann und Ernst Schubert, Dom und Domschatz zu Halberstadt, Leipzig 1990, S. 33–37, 241, 242. Klaus Niehr, Die mitteldeutsche Skulptur der ersten Hälfte des 13. Jahrhunderts, Weinheim 1992, S. 233–240, 314 f., 366 f.

11 Hermann Beenken, Der Meister von Naumburg, Berlin 1939, S. 157, Anm. 33.

12 Andreas Huth, Der Quenstedter Kruzifixus. Ein unbekanntes Meisterwerk aus der Gruppe der sächsischen Großkreuze des 13. Jahrhunderts. In: Denkmalpflege in Sachsen-Anhalt H. 1, 1993, S. 71–77.

13 Zit. nach Heinrich Feurstein, Matthias Grünewald, Bonn 1930, S. 86.

14 Georg Weise, Die geistige Welt der Gotik, Halle 1939, S. 135.
15 Richard Hamann und Kurt Wilhelm-Kästner, Die Elisabethkirche zu Marburg und ihre künstlerische Nachfolge. II. Bd., Marburg 1929, S. 17. Erika Dinkler-von Schubert, Der Schrein der Hl. Elisabeth zu Marburg. Studien zur Schrein-Ikonographie, Marburg 1964, S. 6, 9.
16 Schlesinger (wie Anm. 3), S. 116, 137.
17 Bonifatius Strack, Das Leiden Christi im Denken des Hl. Bonaventura, in: Franziskanische Studien 41, 1959, S. 129–162. Werner Hülsbusch, Elemente einer Kreuzestheologie in den Spätschriften Bonaventuras, Theol. Diss. Münster 1966, S. 37–39.
18 Hans Belting, Das Bild und sein Publikum im Mittelalter, Berlin 1981, S. 220 f.
19 G. W. F. Hegel, Ästhetik, Berlin 1955, S. 752 f.
20 Karl Oettinger, Das Motiv der Naumburger Maria, in: Kirchenkunst 9, 1937, S. 122–125.
21 Erwin Panofsky, Grabplastik, Köln 1964, S. 42, Abb. 135. Theodor Klauser, Studien zur Entstehungsgeschichte der christlichen Kunst II, in: Jahrbuch für Antike und Christentum 2, 1959, S. 115–145.
22 Ulrich Köpf, Religiöse Erfahrung in der Theologie Bernhards von Clairvaux, Tübingen 1980, S. 29, 31, 33 f.
23 Die Waldensertheorie wurde u. a. vertreten von Ernst Lippelt, Das Geheimnis des Naumburger Meisters, in: Zs. d. dt. Geisteswiss. 1, 1938, S. 232–251; Paulus Hinz, Der Naumburger Meister. Ein protestantischer Mensch des 13. Jahrhunderts, Berlin 1951. Erwiderungen u. a. von Klaus Wessel, War der Naumburger Meister ein Waldenser? in: Wiss. Zs. d. Univ. Greifswald 1, 1951/52, Gesellschafts- u. Sprachw. R. S. 44–55; ders., Vides quanta propter te sustinuerim? Ein Beitrag zum Verständnis des Naumburger Westlettners, in: Festschrift Adolf Hofmeister zum 70. Geburtstag, Halle 1955, S. 312–323. Kurt Goldammer, Der Naumburger Meister und die Häretiker, in: Zeitschrift für Kirchengeschichte 64, 1952/53, S. 94–128.
24 Alfred Stange und Albert Frieß, Idee und Gestalt des Naumburger Westchores, Trier 1955, S. 31–33.
25 Konrad Hoffmann, Taufsymbolik im mittelalterlichen Herrscherbild, Düsseldorf 1968 (= Bonner Beiträge zur Kunstwissenschaft 9), S. 89–141.
26 Lottlisa Behling, Die Pflanzenwelt der mittelalterlichen Kathedralen, Köln/Graz 1964, S. 43–49.
27 Romuald Bauerreiss, Arbor Vitae. Der »Lebensbaum« und seine Verwendung, in: Liturgie, Kunst und Brauchtum des Abendlandes, München 1935, S. 65–73.
28 Behling (wie Anm. 26), S. 90.
29 Johannes Jahn, Schmuckformen des Naumburger Doms, Leipzig 1944, S. 128.
30 Behling (wie Anm. 26), S. 101.
31 Frederick Antal, Die florentinische Malerei und ihr sozialer Hintergrund, Berlin 1958, S. 142 f. Zur Auffassung Bonaventuras vom Kreuzbaum als Himmelspforte im Zusammenhang mit dem Marburger Elisabethschrein siehe Dinkler-von Schubert (wie Anm. 15), S. 9.
32 Willibald Sauerländer, Die Naumburger Stifterfiguren,

Rückblick und Fragen, in: Die Zeit der Staufer, (wie Anm. 9), S. 169–245. Siehe bes. S. 234.

33 Hermann Giesau, Der Naumburger Bildhauer in Amiens, in: Jahrbuch für Kunstwissenschaft 2, 1924/25, S. 201–206. Richard Hamann, Der Naumburger Meister in Noyon, in: Zeitschrift des Deutschen Vereins für Kunstwissenschaft 2, 1935, S. 425–429.

34 Wilhelm Pinder, Der Naumburger Dom und seine Bildwerke, Berlin 1931, 3. Aufl. S. 23.

35 Strack (wie Anm. 17), S. 148.

36 Richard Hamann, Die Abteikirche von St. Gilles und ihre künstlerische Nachfolge, Berlin 1955, S. 418–423.

37 Geza de Francovichi, Benedetto Antelami. Architetto e scultore e l'arte de suo tempo, Milano–Firenze 1952, S. 70, 82, Tav. 14.

38 Gert Wendelborn, Franziskus von Assisi, Leipzig 1977, S. 176.

39 Metz (wie Anm. 8), S. 13 f.

40 Elisabetta Lucchesi Palli, Die Passions- und Endszenen Christi auf der Ciboriumssäule von San Marco in Venedig, Prag 1942, S. 48–51.

41 Richard H. L. Hamann-Mac Lean, Antikenstudium in der Kunst des Mittelalters, in: Marburger Jahrbuch für Kunstwissenschaft 13, 1949/50, S. 157–250. Siehe S. 190 f.

42 Richard Delbrueck, Probleme der Lipsanothek in Brescia, Bonn 1952, S. 31.

43 Georg Stuhlfauth, Die apokryphen Petrusgeschichten in der frühchristlichen Kunst, Berlin/Leipzig 1925, S. 50–70. Zur Seitenwunde Christi und zur Longinuslanze u. a. bei Chrysostomos und Augustin siehe Konrad Burdach, Der Gral, Stuttgart 1938, S. 85–91, 94 f.

44 Otto Weinreich, Türöffnung im Wunder-, Prodigien- und Zauberglauben der Antike, des Judentums und Christentums, in: Tübinger Beiträge zur Altertumswissenschaft V, 1929, S. 200–452. Siehe bes. S. 309–346.

45 Eduard Stommel, Beiträge zur Ikonographie der konstantinischen Sarkophage, Bonn 1954, S. 88–137. Silvia Hahn, Die Darstellung der Verleugnung und Reue Petri, Phil. Diss. München 1977, S. 9.

46 Stange/Frieß (wie Anm. 24), S. 80–83.

47 Friedrich Ohly, Gesetz und Evangelium. Zur Typologie bei Luther und Lucas Cranach. Zum Blutstrahl der Gnade in der Kunst, Münster 1985, S. 30–32.

48 Goldammer (wie Anm. 23), S. 49–128.

49 Helga Sciurie, Die Naumburger Stifterfiguren zwischen Repräsentation und Gericht, in: Sciurie/Möbius (wie Anm. 2), S. 5–44. Zur bischöflichen und markgräflichen Territorialpolitik im 13. Jahrhundert siehe Bruno Hermann, Die Herrschaft des Hochstifts Naumburg an der mittleren Elbe, Köln/Wien 1970, S. 91–175.

50 Erich Köhler, Ideal und Wirklichkeit in der höfischen Epik. Studien zur Form der frühen Artus- und Graldichtung, Tübingen 1956, S. 189.

51 Sauerländer (wie Anm. 32), S. 231.

52 Raymond Klibansky, Erwin Panofsky und Fritz Saxl, Saturn und Melancholie, Hamburg 1990, S. 125.

53 Zit. nach Stange/Frieß (wie Anm. 24), S. 22.

54 Ingrid Schulze, Mauritius und Schmerzensmann, in: Hallesche Blätter 1, 1987, S. 39–50.

55 Ingrid Schulze, Die Havelberger Lettner- und Chorschrankenreliefs. Inhaltliche Problematik und stilistische Kriterien, in: Die mittelalterliche Plastik in der Mark Brandenburg, Protokollband des Internationalen Kolloquiums vom 2. bis 4. März 1989 in den Staatlichen Museen zu Berlin, Berlin 1990, S. 93–100.

56 Max J. Friedländer, Rogier van der Weyden and the Master of Flémalle. Comments and notes by Nicole Veronee-Verhaegen, Brüssel 1957, S. 69, Nr. 47, T. 67. Martin Davies, Rogier van der Weyden, München 1972, S. 59 f. Odile Delenda, Rogier van der Weyden, Stuttgart/Zürich 1988, S. 17 f., 140.

## *Literatur*


Doberer, Erika, Der Lettner. Seine Bedeutung und Geschichte, in: Mitteilungen der Gesellschaft für vergleichende Kunstforschung in Wien 9, 1956, S. 117–122

Giesau, Hermann, Der Dom zu Naumburg, Burg 1927, 2. Aufl. 1933 (= Deutsche Bauten 9)

Greischel, Walter, Die sächsisch-thüringischen Lettner des 13. Jahrhunderts. Phil. Diss. Freiburg i. Br. 1914, Magdeburg 1914

Jahn, Johannes, Die Erschließung der Bildwerke des Naumburger Meisters. Ein Beitrag zur Geschichte der Kunstwissenschaft. Sitzungsberichte der sächsischen Akademie der Wissenschaften zu Leipzig, Philologisch-historische Klasse 109/4, Berlin 1964

Jantzen, Hans, Deutsche Bildhauer des 13. Jahrhunderts, Leipzig 1925 (= Deutsche Plastik des 13. Jahrhunderts), München 1941

Küas, Herbert, Die Meisterwerke im Naumburger Dom, Leipzig 1938

Metz, Peter, Zur Deutung der Meißner und Naumburger Skulpturen, in: Zeitschrift für Kunstgeschichte 9, 1940, S. 145–174

Pinder, Wilhelm, Der Naumburger Dom und der Meister seiner Bildwerke, Berlin 1939, 8. Aufl. 1943

Pinder, Wilhelm, Der Naumburger Dom und der Meister seiner Bildwerke. München/Berlin 1952 (= Deutsche Lande – Deutsche Kunst)

Puttrich, Ludwig und G.W. Geyser d.J., Naumburg an der Saale, sein Dom und andere alterthümliche Bauwerke, Leipzig 1841

Sauerländer, Willibald und Joachim Wollasch, Stiftergedanken und Stifterfiguren in Naumburg, in: Memoria. Der geschichtliche Zeugniswert des liturgischen Gedenkens im Mittelalter, München 1984, S. 354–383 (= Münstersche Mittelalter-Schriften, Bd. 48)

Schlesinger, Walter, Meissner Dom und Naumburger Westchor. Ihre Bildwerke in geschichtlicher Betrachtung, Münster, Köln 1952 (= Beihefte zum Archiv für Kulturgeschichte 2)

Schubert, Ernst, Der Dom zu Naumburg, Berlin 1990

Schubert, Ernst, Zur Naumburg-Forschung der letzten Jahrzehnte, in: Wiener Jahrbuch für Kunstgeschichte 35, 1982, S. 121–138

Wallrath, Rolf, Die Bildwerke im Naumburger Dom, Kevelaer 1949

# Fachbegriffe

ARKADE (lat. Bogen) Bogenstellung, d. h. ein auf Pfeilern oder Säulen ruhender Bogen

BEAU DIEU (franz. »Schöner Gott«) Segnender Christus, der das Böse überwunden hat. Türpfeilerfigur von Weltgerichtsportalen frühgotischer französischer Kathedralen

BLATTFRIES Aus Blattwerk gebildetes Band zum Abschluß, zur Gliederung und zum Schmuck einer Wand

BLENDE Dem Baukörper zur Gliederung und Dekoration vorgelegtes architektonisches Motiv

DEESIS (griech. »Bitte«) Aus der frühchristlichen in die mittelalterliche Kunst übernommenes Motiv des thronen-den (oder auch stehenden) Christus als Weltenrichter zwischen Maria und Johannes d. T. als den Fürbittern der Menschen.

DEVOTIO MODERNA Eine auf ein verinnerlichtes Frömmigkeitserleben hinzielende religiöse Erneuerungsbewegung, die im 15. Jahrhundert vor allem in den Niederlanden verbreitet war

DREINAGELKRUZIFIX Gekreuzigter Christus, bei dem beide Füße übereinandergeschlagen und mit einem Nagel durchbohrt sind

FIALEN Am Außenbau: die turmförmige Bekrönung über den Strebepfeilern. Am Lettner: Die Türmchen neben der Portalöffnung

HUMILIATEN Die »Demütigen«. Im 12. Jahrhundert gegründeter Büßerorden, der in Oberitalien verbreitet war und sich apostolische Armut zum Ziel setzte

KATHARER Häretische Sekte, die im 11. Jahrhundert von der südfranzösischen Stadt Albi ihren Ausgang nahm und deshalb auch Albigenser genannt wurde

KLEEBLATTBOGEN Aus Zirkelschlägen gebildeter Bogen in Form eines dreiblättrigen Kleeblattes

LAIBUNG Die inneren Bögen einer Fenster- oder Türöffnung

LIPSANOTHEK Kasten, Reliquienkasten

MANDORLA mandelförmiger Glorienschein

PARLERZEIT Nach der Bildhauerfamilie der Parler benannte Periode. Die Parler wirkten in der zweiten Hälfte des 14. Jh. in Süddeutschland und Böhmen. Peter Parler ist der Baumeister des Prager Veitsdoms.

POLYGON Vieleck

PONDERATION In sich ausgewogene Verteilung des Körpergewichts

PONTILE (ital. kleine Brücke, Landesteg) Über der offenen Krypta errichtete Lesebühne mit kanzelartigem Charakter, nachweisbar in Oberitalien

SANKTUARIUM Altarhaus, Allerheiligstes

SCHLUSSSTEIN Zuletzt eingesetzter, oberster Stein eines Bogens oder Kreuzrippengewölbes

SPITZBOGENARKADE Hohe, oben zugespitzte Form der Bogenstellung

TAFELKREUZ Kreuzförmiges Tafelbild mit gekreuzigtem Christus und Nebenfiguren

TRIUMPHKREUZ Auf einem Balken oben zwischen Chor und Langhaus angebrachtes Kruzifix mit Maria und Johannes als Nebenfiguren

TUMBA Grabmal, bestehend aus einem sich über dem Grab erhebenden rechteckigen Unterbau, der die Grabplatte trägt

TYMPANON Das Feld zwischen Türsturz und Bogen eines Portals

TYPOLOGIE Lehre, nach der im Alten Testament die Voraussetzung für die heilsgeschichtliche Erfüllung des Neuen Testamentes enthalten ist; jedes Ereignis des Neuen Testamentes wurde durch ein oder mehrere Ereignisse des Alten Testamentes vorausgesagt

VIERPASS Aus vier Dreiviertelkreisen zusammengesetzte gotische Maßwerkfigur

WALDENSER Von dem Kaufmann Petrus Waldus aus Lyon im späten 12. Jahrhundert gegründete häretische Sekte, die sich über Frankreich hinaus in Oberitalien und vor allem im 14. Jahrhundert auch in Deutschland ausbreitete

WESTCHOR Bildet als zweites kultisches Zentrum den Gegenpol zum Ostchor. Durch Vereinheitlichung von Ost- und Westpartie gekennzeichnet, entstanden Doppelchoranlagen in Deutschland bei Kloster- und Bischofskirchen von der karolingischen Zeit bis in die Mitte des 13. Jahrhunderts

ZWILLINGSARKADE Paarweise angeordnete Bogenstellung, die von einer Blendarkade umfaßt wird

## *Abbildungsnachweis*

Berlin, Staatliche Museen zu Berlin, Skulpturensammlung 8

Dresden, Sächsische Landesbibliothek, Abteilung Deutsche Fotothek 9

Halle, Foto Nickel 7

Halle, Martin-Luther-Universität, Universitäts-Film- und Bildstelle 36, Umschlagrückseite (Fotos: Otfried Birnbaum)

Marburg, Bildarchiv Foto Marburg 22, 26

München, Hirmer Fotoarchiv 25

Weimar, Foto Beyer Umschlagvorderseite, Falttafel, 1–3, 5, 6, 10, 14–21, 24, 27–35

Alle anderen Abbildungen stammen aus dem Archiv der Autorin.